Benjamin Schulz | Edgar K. Geffroy

Erfolg braucht ein Gesicht

Benjamin Schulz | Edgar K. Geffroy

Erfolg braucht ein Gesicht

Warum ohne Personal Branding nichts mehr geht

REDLINE | VERLAG

Bibliografische Information der Deutschen Nationalbibliothek:
Die Deutsche Nationalbibliothek verzeichnet diese Publikation in der Deutschen Nationalbibliografie; detaillierte bibliografische Daten sind im Internet über **http://d-nb.de** abrufbar.

Für Fragen und Anregungen:
lektorat@redline-verlag.de

1. Auflage 2016, März 2016

Nymphenburger Straße 86
D-80636 München
Tel.: 089 651285-0
Fax: 089 652096

Redaktion: Ulrike Kroneck, Melle-Buer
Umschlaggestaltung: werdewelt GmbH
Umschlagabbildung: shutterstock.com
Fotos: werdewelt GmbH
Satz: Grafikstudio Foerster, Belgern
Druck: GGP Media GmbH, Pößneck
Printed in Germany

ISBN Print 978-3-86881-629-7
ISBN E-Book (PDF) 978-3-86414-897-2
ISBN E-Book (EPUB, Mobi) 978-3-86414-896-5

Weitere Informationen zum Verlag finden Sie unter

www.redline-verlag.de

Beachten Sie auch unsere weiteren Imprints unter
www.muenchner-verlagsgruppe.de

Inhalt

Vorwort 7

Kapitel 1 13
    Von Marken und Platzhirschen 14

Kapitel 2 61
    Die Person als Marke 62

Kapitel 3 107
    Die Markentypen 108

Kapitel 4 137
    Wie werde ich zur Marke? 138

Kapitel 5 169
    Wie überlebe ich als Marke? 170

Klartext: Personal Branding 201

Über die Autoren 217

Stichwortverzeichnis 221

Vorwort

Der Mensch im Kontakt mit dem Menschen ist ganz schlecht durch eine Maschine ersetzbar. Das merken wir in unserer Arbeit – unabhängig von der Branche – immer deutlicher. Meiner Meinung nach gibt es viele Branchen, die noch nicht verstanden haben, dass sie einen größeren Erfolg haben könnten, wenn sie stärker das Thema Personality spielen und sich weniger auf Dienstleistung und Produkte konzentrieren würden.

Das sind für mich klassische Beispiele, bei denen ich mich frage: Warum suche ich mir Fachanwalt X aus und nicht Y? Warum kaufe ich mein Fahrzeug in einem Autohaus, das 50 Kilometer weiter weg ist, obwohl ich das gleiche Autohaus nur drei Kilometer von meiner Haustür entfernt finden würde? Warum arbeite ich mit dem Handwerker XY? Warum arbeite ich mit einem Steuerberater, der nicht im gleichen Ort ist, sondern der sein Büro weiter weg hat? Warum also nehme ich Fahrten, Zeiten et cetera in Kauf, um mich mit Menschen zu treffen, zu denen ich Vertrauen habe, obwohl ich die gleiche Dienstleistung direkt vor der Haustür haben könnte?

Andersherum gefragt: Warum arbeiten Kunden mit mir? Warum gibt es Fans? Was sind die Entscheidungskriterien beim Buchen von …?

Ein Kriterium ist nicht, weil Handwerker X sein Handwerk so gut versteht. Oder weil Anwalt Y mehr Paragrafen auswendig kennt als der Anwalt Z. Vielmehr ist es immer ganz massiv eine Frage des Vertrauens. Wo verfolgt man vertrauensbildende Maßnahmen? Wo fühle ich mich sicher, aufgehoben? Es ist die Kommunikation von Mensch zu Mensch. Und ich glaube, dass das Thema Personal Branding für die nächsten Jahre – vielleicht sogar Jahrzehnte – noch mehr in den Vordergrund rücken wird, als es im Moment bereits steht.

Es gibt kaum Experten, die wirklich eine Ahnung davon haben, was es bedeutet, aus Personen Marken zu machen – und was eigentlich dahintersteckt. Denn man kann dazu nicht die Mechanismen von

Produkt- und Industriemarketing anwenden. Die Mechanismen für Personal Branding sind andere.

Ich glaube, dass besonders für Kunden eine Menge Potenzial drinsteckt, Personal Branding noch viel stärker zu leben. Die Idee, zusammen mit Edgar in ein Gespräch einzutauchen und zu fragen, wie er das vom Standpunkt des Consulting aus sieht, wenn er Kunden betreut – was er alles in 30 Jahren Consulting und Erfahrung erlebt hat – und dann mit meiner Sicht aus der Marketing- und Persönlichkeitsentwicklungsecke zu fragen: Was braucht es denn eigentlich dazu? Wir wollten das Ganze von zwei Seiten aus beleuchten und nicht das klassische Buch bringen, wie Personal Branding »zu machen« ist. Es sollte kein weiteres Fachbuch sein, das sich zum Thema Marketing an all die anderen Fachbücher kettet. Vielmehr wollten wir aufschlüsseln, was wirklich dahintersteckt. Was benötigt wird. Welche Haltung gefragt ist. Welche Herausforderungen es zum Thema es gibt. An welchen Stellen man durchhalten muss.

Wenn man sich diese ganzen Shows mal anschaut, die aktuell im Fernsehen laufen, geht es überall massiv darum: Wie wirken Einzelne auf eine Masse?

Mir fällt da zum Beispiel gerade die letzte Runde von *The Voice of Germany* ein, bei der ganz Deutschland anrufen und seinen Favoriten wählen kann … Ich hätte niemals gedacht, dass die, die letztendlich gewonnen hat, das Rennen machen würde. Hinterher habe ich mich gefragt: Was war der Grund dafür, dass sie diejenige war, die die Mehrheit überzeugt hat? Es gab so ein, zwei Favoriten, die ich musikalisch und qualitativ viel besser eingestuft habe. Aber die andere hat gewonnen. Bei dieser Sendung war das aus meiner Sicht total verrückt. Da wurde es deutlich, dass es in dem Moment überhaupt nicht um bessere Qualität oder Technik ging. Es war eine reine Sympathienummer. Und genau das ist es.

Es kann passieren, dass man mit Leuten zu tun hat oder dass es Situationen gibt, in denen es vielleicht fachlich gesehen jemanden geben würde, der besser ist. Aber man hat trotzdem das höhere Vertrauen. Und dann entscheidet man sich für den anderen. Das ist verrückt. Nämlich weil wir immer noch in dieser Denke stecken, dass harte Fakten ausschlaggebend dafür sind, wenn es um Entscheidungskriterien geht. Es gibt eine Menge Branchen, in denen das längst überhaupt nicht mehr der Fall ist, sondern in denen der Mensch überzeugt.

Damit gibt es natürlich auch die Gefahr, dass ein Haufen »Luftpumpen« unterwegs sind. Keine Frage. Es gibt jede Menge Leute, die sich supergut verkaufen können und – Entschuldigung – völlige Idioten sind und fachlich nichts auf der Pfanne haben. Dabei besteht natürlich auch die Gefahr, diesen zum Opfer zu fallen. Aber: Blender haben es raus, mit anderen Faktoren als Kompetenz zu überzeugen. Da muss man erst mal sagen: Chapeau. Es hinzubekommen, sich als Blender zu verkaufen und damit eine Menge Geld zu verdienen – wie aktuelle Beispiele aus dem Immobilien-, dem IT- oder dem Finanzdienstleistungsmarkt zeigen –, ist eine Kunst. Ich sage nicht, dass ich das befürworte. Im Gegenteil! Wenn Blender Leute an der Nase herumführen, hat das nichts mit Verantwortung zu tun. Wenn man aber mal sieht, wie sie das gemacht haben, haben die sich als Personen verkauft.

Aus meiner Sicht ist dieser Erfolgsfaktor Mensch im Hinblick auf Präsentieren, Vermarktung, Erfolgreichwerden als Unternehmer – egal in welcher Branche – ein ganz entscheidender Faktor.

Kennen Sie das auch, dass Sie Dienstleister in Ihrem Umfeld haben, bei denen es bei Ihnen extrem lange dauert, bis Ihnen die Hutschnur reißt? Und warum ist das so? Überlegen Sie mal. Das kann ein Versicherungsmakler sein, ein Steuerberater, ein Anwalt oder ein anderer Dienstleister wie ein Handwerker, bei dem Sie bereit sind, zum Beispiel lange Wartezeiten, mehrfaches Nachfragen et cetera zuzulassen. Warum tun Sie das? Wenn Sie das rein menschlich betrachten, müssten Sie sagen: Das Spielchen mache ich einmal mit, vielleicht auch noch das zweite Mal, aber sicherlich kein drittes Mal. Tatsächlich aber haben Sie einen extrem langen Geduldsfaden und machen das Spielchen noch länger mit. Warum?

Die Erklärung ist einfach: Sie haben eine Beziehungsebene zu diesem Dienstleister. Genau diese sorgt dafür, dass Ihr Geduldsfaden so lang ist. Diese Beziehungsebene hat mit Sympathie und Antipathie zu tun. Und obwohl Ihr Dienstleister so ein Schussel ist und Sie ihm ständig hinterherlaufen müssen, stehen Sie das weiter durch, weil Sie mit ihm auf einer ganz anderen Wellenlänge unterwegs sind. Auch da sage ich nicht, dass das gut ist. Aber solche Situationen kennen wir alle. Würden wir alle lediglich nach Zahlen, Daten, Fakten entscheiden, wären wir schnell auf der Suche nach einem anderen Dienstleister.

Das zeigt auch wieder, dass die Komponente Mensch so eine hohe Relevanz hat. Und zwar sowohl für den, der zur Marke wird, als auch für den, der uns als Marke anerkennt. Das ist ein Wechselspiel.

Ich glaube, dass das Thema Personal Branding von den meisten überhaupt noch nicht gesehen wird. Natürlich kennen wir es aus der Promiszene, aus der Musikbranche, dem Leistungssport und so weiter, aber: Wir müssen nur in die Geschichte schauen, um zu sehen, welchen Vorteil man hat, wenn man als Mensch überzeugen muss. Welche geschichtlichen Ereignisse und Erfolge gab es, die Menschen bewegt haben, Dinge zu tun? Es war immer der Mensch. Sowohl in negativer wie positiver Hinsicht. In puncto Marketing wird das aus meiner Sicht heute noch gar nicht erkannt. Aber es hat auch Risiken.

Wenn wir schon über Nahbarkeit und Personality sprechen, war es mir einfach wichtig, Personality zu erleben. Deswegen auch die Form dieses Buchs: der Dialog. Ich möchte die Leute mitnehmen in die Geschichte, sie erleben und auch in der Videosequenz sehen lassen: Da waren wir wirklich. Nichts ist gefakt. Wir haben die Dialoge wirklich so geführt. Da wurde niemandem etwas in den Mund gelegt. Alles sind unsere Überzeugungen und Dinge, die wir aus jahrzehntelanger Erfahrung kennen, erlebt haben, durchlebt haben.

Daher war für uns wichtig, kein weiteres Fachbuch auf den Markt zu bringen, sondern ein Buch, das das Thema aus zwei Perspektiven betrachtet: auf der einen Seite Edgar mit Kunde und Vertrieb, auf der anderen Seite ich mit Marketing, Identitätscoaching und Personality.

Wir möchten zum einen den Leser mit unserem Gesprächsdialog sensibilisieren, wie wichtig das Thema ist, zur Marke zu werden, und was man dafür braucht. Und wir möchten die Leser an den Punkt bringen zu überlegen, ob er sich der Konsequenzen bewusst ist und ob er das überhaupt will. Oder ob es vielleicht etwas ist, was von seiner Persönlichkeit her gar nicht zu ihm passt. Es geht uns also darum, dass jeder die Dinge hinterfragt und zu einer Antwort kommt: »Ja, will ich.« – »Nein, will ich nicht.« – »Habe ich bisher so noch nicht gesehen.« Oder: »Stimmt, das müsste ich in Zukunft anders angehen.«

Übrigens gibt es ergänzend zum Buch auch eine Videodokumentation, die Sie unter www.erfolgbrauchteingesicht.de abrufen können.

Benjamin Schulz

Kapitel 1

Von Marken und Platzhirschen

Eigentlich hätte dies ein Flug wie jeder andere sein können, wie ihn Edgar Geffroy und Benjamin Schulz zigmal pro Jahr erleben. Doch einer wie heute hat so noch nie stattgefunden, seit sich die beiden kennen. Zwar ist jeder von ihnen oft mit dem Flieger zu Kunden oder auch als Vortragsredner zu Events unterwegs, allerdings wäre es eher Zufall gewesen, wenn beide in derselben Maschine gesessen hätten. Heute ist das Absicht, herbeigesehnt. Ja, herbeigesehnt. Und zwar von beiden.

Sie nehmen sich eine Auszeit und fliegen nach Mallorca. Für ein paar Tage. Tatsächlich … ein paar Tage, in denen sie sich Abstand vom Alltag gönnen.

Beide haben einen anspruchsvollen Job. Die Tage von Edgar sind normalerweise vollgepackt mit Terminen, Telefonaten, Reisen, Strategiegesprächen bei Kunden und vielem mehr. Außerdem ist er auch oft unterwegs. Zu gefragt ist seine Vordenker-Strategie bei allem, was er anpackt. Zu gefragt ist seine Haltung im Verkauf, die den Kunden in einen völlig anderen Blickwinkel rückt.

Bei Ben sieht das nicht anders aus. Als Troubleshooter und gefragter Sparringspartner ist er für seine Kunden da, denn seine Meinung, seine Expertise und seine Hilfe im Personal Branding sind heiß begehrt. Um den Anforderungen an seine Person gerecht zu werden, legt er oft einen sprichwörtlichen Spagat hin. Zumal er mit seiner Agentur werdewelt auch noch ein 25-köpfiges Team führt.

Die Mannschaft ist in den letzten Jahren stark gewachsen. Was einmal als kleine Allroundagentur angefangen hatte, entwickelte sich zu einer Marketingagentur, die sich nicht erheblich von den Wettbewerbern unterschied. Als Ben aus persönlichem Interesse heraus eine Coaching-Ausbildung absolvierte, kam gleich die erste Anfrage an ihn heran, ob er auch Coaches vermarkten würde. Damit hatte er einen Markt entdeckt und war einer der Ersten, die die Vermarktung von »Weiterbildnern« mit ins Portfolio aufnahmen. Seine Herangehensweise an die Themen dieser neuen Klientel war damals etwas Besonderes auf dem Markt und das Ergebnis seiner Arbeit sprach sich schnell herum. Mehr Coaches kamen zu ihm und seiner Agentur. Bald gehörten auch Trainer, Berater und Speaker zum Kundenkreis von werdewelt. Die eigene Positionierung wurde geschärft und Personal Branding – oder auch Personenmarketing – ist heute das Spezialgebiet um Ben und sein Team.

Klar ist: In Sachen Personal Branding herrscht immer noch zu viel Nichtwissen. Es gibt zu viele Fragen. Zu viel Inkompetenz.

Edgar hat die kürzere Anreise zum Abflughafen Düsseldorf und wartet schon in der Lounge auf seinen Freund. Ben – wie immer in Eile – erreicht mit ersten Schweißperlen des Tages auf seiner Stirn ihren Treffpunkt. Mit einem tiefen Atemzug stellt er sein Handgepäck auf dem Boden ab und umarmt Edgar mit sichtlicher Erleichterung.

»Hey, was ist los, alter Freund? Du siehst so gehetzt aus«, wird Ben von ihm begrüßt.

»Boah, wenn du wüsstest … die letzten Tage, ey, das war der Horror«, entgegnet Ben mit einem Kopfschütteln und wischt sich über die Stirn.

»Komm, lach mal, freu dich, wir fliegen nach Malle! Und nehmen uns ein paar Tage frei. Lass uns das genießen.«

Die beiden unterhalten sich noch eine Weile über die Erlebnisse der letzten Tage und lassen mit jedem ausgetauschten Wort den Stress der vergangenen Woche hinter sich. Dann ertönt der Boarding-Aufruf für Air Berlin Flug YN928B nach Palma.

Je näher sie der Insel kommen, desto mehr lockert sich die Wolkendecke auf. Das trübe Wetter in Deutschland haben sie nun endlich hinter sich gelassen, und Palma begrüßt seine Gäste mit Sonne und schon frühlingshaften Temperaturen an diesem Tag im späten Februar. Die erste Brise mit dem typischen Meersalzduft weht den beiden entgegen. Sie bleiben kurz stehen und inhalieren tief.

»Wie hab ich das vermisst!«, stellt Edgar fest. Sein letzter Besuch hier ist nun schon fast ein halbes Jahr her.

Ben kann ihn gut verstehen. »Irgendwie sollten wir das öfter machen«, blinzelt er seinen Freund an und grinst. Der weiß genau, dass Ben damit nicht scherzt, und lacht beherzt los. »Ja klar ... warum nicht? Kann nur gut für uns sein, mal rauszukommen.«

Ben wirkt nun nicht nur deutlich relaxter – in der Tat ist er es auch. Er weiß, dass die Agentur ein paar Tage auch ohne ihn läuft – obwohl er es nicht lassen können wird, zwischendurch seinen Geschäftspartner anzurufen und Wichtiges kurz abzusprechen. Egal ... jetzt ist er hier, die Sonne lacht, Edgar ist ohne Stress dabei und sie können ihren Gedanken einfach mal freien Lauf lassen.

Für Edgar ist Mallorca ein Ort zum Auftanken, an den es ihn nicht nur zu geschäftlichen Terminen zieht. Aus diesem Grund kennt er die Insel sehr gut und beschließt, Ben direkt nach ihrem Check-in im Hotel in Camp de Mar noch ein wenig die Gegend zu zeigen. Er hat einen Lieblingsort, der in nur wenigen Minuten mit dem Auto oder auch in etwa einer halben Stunde Fußmarsch zu erreichen ist. Sie entschließen sich, zu Fuß dorthin aufzubrechen.

Der Weg führt zuerst immer leicht bergab und zwischen einigen landestypischen Häusern durch, die zum Teil anscheinend nicht bewohnt sind. Die Fensterläden sind geschlossen und Bewohner sind nicht zu sehen. Bei anderen wiederum stehen Autos im kleinen Hof. Nur recht selten werden die beiden von Autos überholt, während sie auf dem schmalen Seitengehweg Richtung Andratx laufen.

Je näher sie dem malerisch gelegenen Ort direkt am Meer kommen, desto mehr Leben ist um sie herum. Mit jedem Schritt öffnet sich ihnen mehr der grandiose Blick auf den Hafen von Andratx, in dem zur Rechten eine Reihe kleiner Boote liegt – zum Teil mit Planen abgedeckt –, die sich wie mehrere künstlerische Perlenketten aneinanderreihen. Gleich daneben erheben sich Felsen mit buchstäblich hineingebauten kleinen weißen Häusern. Linker Hand des Hafens führt eine Straße in leichtem Bogen an Restaurants vorbei, die zum Teil auf der gegenüberliegenden Seite mit Sitzplätzen ausgestattet sind. Etwa in der Mitte des Hafenbeckens ist ein Leuchtturm zu sehen, hinter dem sich das Meer zu öffnen scheint und nur noch von einer steinernen Landzunge zur Linken unterbrochen wird.

Edgar und Ben laufen zum Wasser und bleiben eine Weile stehen. Sie lassen für einen Moment einfach nur ihre Blicke schweifen. Ben nimmt einen tiefen Atemzug und lässt die Luft nur ganz langsam wieder entweichen.

»Herrlich, oder?«, fragt Edgar.

»Das hat schon was«, entgegnet Ben zustimmend. »Ich kann verstehen, warum du so gerne hierherkommst.«

Sie setzen ihren Gang fort und schlendern die Promenade entlang, wo sich Restaurants, Cafés und Bars aneinanderreihen. Hie und da sitzen Leute. Die Luft ist angenehm mild und die strahlende Sonne tut ihr Übriges, um zum Draußen-Verweilen einzuladen. Edgar erzählt Ben über seinen Aufenthalt hier im Spätsommer letzten Jahres. Zu dieser Jahreszeit waren die Lokale brechend voll. Allerdings zu einem späteren Tageszeitpunkt, denn am späten Nachmittag trudeln Gäste hier erst ganz langsam ein. Doch an diesem Tag im Februar sieht das Ganze ein wenig anders aus.

Edgar führt Ben weiter am Hafen entlang. Sie gehen ganz langsam. Lassen die Zeit einfach mal unberücksichtigt. Dabei tauschen sie viel Privates aus. »Lass uns mal dort hingehen«, meint Edgar plötzlich und deutet links in die enge Gasse hinein, die zu beiden Seiten von typischen mallorquinischen Häuserfassaden eingegrenzt wird und die sie beinahe schon passiert hatten. Sie biegen in das leicht ansteigende Gässchen ein und Edgar deutet zu einer weißen Sitzgruppe, die etwas weiter oben rechts an einer der Hauswände steht. Als sie näher kommen, erkennen Sie, dass die Möbel und Tische alle aus Europaletten gefertigt sind, die allesamt weiß angestrichen und mit gemütlich aussehenden Sitzen und Kissen ausgestattet sind. Sehr originell und einladend.

»Hier sollten wir mal an einem Abend essen gehen«, schlägt Edgar vor. »Ich kenne den Besitzer gut und das Essen ist ein wenig außergewöhnlicher. Schau mal da.« Er deutet zur gegenüberliegenden Seite, wo der gleiche Schriftzug angebracht ist wie hier, wo sie gerade stehen.

»Das ist die Küche.« Mit einem überraschten Lächeln auf dem Gesicht geht Ben die wenigen Schritte zur anderen Seite und steht nun vor einem der beiden großen bogenförmigen, bodentiefen Fenster, hinter dessen Scheibe drei Köche offenbar mit Vorbereitungen beschäftigt sind.

»Normalerweise sind hier auch noch Sitzplätze«, erklärt Edgar und deutet auf die Fläche vor den Fenstern. »Lass uns mal reingehen. Vielleicht können wir gleich einen Tisch für morgen oder übermorgen reservieren. Wollen wir?« Sagt's und geht zurück zum Eingang auf der Lokalseite.

Ben findet es gut, mit Edgar jemanden zu haben, der gute Tipps zu netten Lokalen hier geben kann. Schließlich ist er jetzt zum ersten Mal überhaupt auf Mallorca.

In Anbetracht der frühen Stunde sind noch keine Gäste anwesend. Eine Frau steht hinter der Bar zur Linken und poliert ein Weinglas. Aus dem Hintergrund kommt der Restaurantbesitzer mit einem Tablett voller frisch gespülter Weingläser. Als er Edgar sieht, stellt er es schnell auf dem Tresen ab und begrüßt ihn mit einem herzlichen Händedruck, danach auch Ben. Sie unterhalten sich eine Weile und Edgar erklärt, dass er mit Ben hier ein paar Tage ›runterfahren‹ will. Auf seine Frage nach einer Reservierung widmet sich der Restaurantbesitzer seinem Terminbuch, das bei der Bar gleich neben dem Telefon liegt. Während dieser nun nach einem freien Tisch sucht, beobachten Edgar und Ben eine Gruppe von Leuten, die sich vor dem Restaurant sammeln. Das wäre nicht weiter auffallend, wenn da nicht auch ein ganzes Kamerateam dabei wäre, das sein Equipment neben dem Eingang abstellt. In diesem Moment schnappen Edgar und Ben einen kurzen Wortwechsel zwischen dem Restaurantbesitzer und der Frau hinter der Bar auf.

»Was machen denn die ganzen Kameras hier?«, flüstert sie fragend in seine Richtung und lässt dabei die Menschengruppe nicht aus den Augen.

»Jetzt wirst du endlich berühmt«, antwortet er zu ihr hinübergebeugt leise.

Es stellt sich heraus, dass die Gruppe auf der Suche nach einer Location für eine Dokumentation ist. Edgar und Ben entschließen, einen Drink an der Bar zu nehmen und das Geschehen ein wenig zu beobachten.

Es hat schon leicht angefangen zu dämmern, als die beiden das Restaurant verlassen und den schmalen Weg zwischen den Häusern zurück zum Hafen schlendern. An der Ecke zur Promenade angekommen, werden sie von einem überwältigenden Sonnenuntergang empfangen. Sie gehen ein wenig näher Richtung Wasser und bleiben stehen. Einige der wenigen Passanten tun es ihnen gleich und beobachten, wie dieser riesengroße glutrote Ball am Horizont langsam ins Meer einzutauchen scheint. Mit jeder Minute, die vergeht, entsteht ein anderes Farbenspiel um sie herum. Sie wechseln nur wenige Worte und genießen einfach. Dass mit der untergehenden Sonne auch die Temperatur merklich zurückgeht, stört kaum bei einem so grandiosen Tagesausklang.

Der erste Tag auf Mallorca ist ein Traum: Die Sonne strahlt von einem wolkenlosen Himmel und würde die Temperatur nicht fünf Grad Celsius zeigen, könnte man meinen, es sei mitten im Hochsommer. Nur fehlen dazu die Scharen von Touristen, die um diese Jahreszeit natürlich nicht anzutreffen sind.

Nach dem Frühstück machen sich die beiden kurzerhand auf Richtung Strand. Obwohl ›Strand‹ doch nicht ganz so passend ist für den Zugang zum Wasser, der zum Hotel gehört. Statt Sand ragen majestätische Felsen vor ihnen empor, die sich sowohl nach links als auch nach rechts weiter am Ufer entlang erstrecken. Sie gehen über die ersten Felsblöcke und bleiben stehen, den Blick auf das offene Meer gerichtet. In der Ferne ziehen zwei Schiffe vorüber und sind auf der glitzernden Wasseroberfläche nur schwer zu erkennen. Zur Linken sitzt ein Angler, der seine Leine gerade wieder weit hinauswirft. Möwen kreischen in der Ferne. Die Landzunge, die hinter dem Angler aufs Meer hinausragt, ist steil ansteigend und ein Stück weit mit kleinen Häusern gespickt, die in der Morgensonne wie weiße Farbtupfer auf dem dunkel erscheinenden Felsen wirken. Direkt vor ihnen ist die leise Brandung der Wellen zu hören, die sacht gegen die schroffen Felsen klatschen. Eine Grotte in unmittelbarer Nähe erzeugt ein etwas dumpferes Rauschen in regelmäßigem Rhythmus.

»Hier kann man's aushalten«, findet Edgar und lächelt Ben entgegen. Der blinzelt in die Sonne und nickt zustimmend.

»Ja, hier wird der Kopf wieder frei. Ist schon krass, wie kurz die Flugzeit jetzt war, und plötzlich sitzen wir hier. Hat was von Freiheit.«

»Die man sich von Zeit zu Zeit gönnen sollte, nicht war?«, entgegnet Edgar und schaut seinen Freund bestimmt an. »Es gibt genügend Leute, die einen stressigen Job haben und hier wieder neue Kraft schöpfen können. Deshalb gilt Malle ja auch als Geheimtipp für viele Promis. Du kannst hier der Hektik um deine Person entfliehen – so ein bisschen machen wir das ja auch gerade.«

»Diese Leute haben es meistens aber auch darauf angelegt, berühmt zu werden«, findet Ben und setzt sich auf einen der etwas komfortabler aussehenden Felsen. Edgar findet direkt neben ihm einen geeigneten Platz und setzt sich ebenfalls.

»Ja, die haben sich eine Marke erschaffen. Einen Brand.«

»Wenn der Begriff ›Personal Branding‹ fällt, was assoziieren die Leute deiner Meinung nach am ehesten damit?«, will Ben nun von Edgar wissen und erinnert sich an die interessante Konversation des Restaurantbesitzers mit der Frau in der Bar am Abend vorher in Andratx. »So wie gestern, als die Frau im Restaurant die Kameras sieht und ihren Mann fragt, was denn hier los ist. Dann kam seine Antwort: ›Jetzt wirst du endlich berühmt!‹«

Edgar lacht und nickt. »Ich fand das übrigens eine Superstory. Die Frau wollte wissen, was da passiert, und springt natürlich sofort darauf an und der Restaurantbesitzer macht dann diese Aussage.« Edgar nimmt seine Sonnenbrille ab und gestikuliert damit. »Ich glaube, dass das bei vielen Menschen ein großer Traum ist, was man an Formaten wie *Deutschland sucht den Superstar* wunderbar erkennen kann. Aber ich glaube auch, dass es für viele eine viel größere Notwendigkeit ist, als sie es vielleicht gerade im Moment sehen. Das ist für mich das Spannende an der Geschichte.« Ben hört gespannt zu und stützt seinen linken Arm auf dem Oberschenkel ab, während Edgar fortfährt.

»Ich erzähle ja schon viele Jahre: Wir leben in einer neuen Welt. Und zwar in einer Welt, in der zum ersten Mal ein einzelner Mensch so erfolgreich werden kann wie 99 Prozent der deutschen Unternehmen – denn die machen eine Million und weniger Umsatz. Als Beispiel dafür kann man den Dieter Bohlen sehen oder eine Heidi Klum. Und die große Entwicklung, die jetzt kommen wird, ist …« – Edgar pausiert kurz, steckt seine Brille in die Knopfleiste seines Hemds, zieht die Augenbrauen hoch und reibt die Hände aneinander – »… dass sich jeder genauso wie ein Produkt oder eine Dienstleistung vermarkten muss. Das ist eine Erkenntnis, die gerade erst jetzt hochkommt. Denn egal, ob ich ein Unternehmer oder ein Künstler bin, und ganz egal, was ich mache, ich kann mich als Person ganz anders darstellen und vermarkten. Das ist jetzt deine Kernkompetenz«, gestikuliert er in Bens Richtung. »Ich kann eine Marke aus mir machen. Und damit ist ganz offensichtlich: Ich könnte zu den 0,0001 Prozent gehören, die dadurch wirklich supererfolgreich werden können.«

Das heißt jetzt im Klartext:

- Jeder, der mit seinem Namen oder seinem Gesicht Geld verdienen möchte, braucht Personal Branding.
- Für viele Menschen ist es heutzutage notwendig, sich mit ihrem Gesicht oder ihrem Namen zu verkaufen – sie haben es aber noch nicht erkannt.
- Wir leben in einer Welt, in der zum ersten Mal ein einzelner Mensch so erfolgreich werden kann wie 99 Prozent der deutschen Unternehmen.

»Du hast gerade gesagt, man kann sich als Person wie ein Produkt vermarkten …« Ben spielt mit seinem Schuh an dem kleinen Felsabsatz vor sich und stützt sich mit seiner Hand ab. »Ich habe letztens einen amerikanischen Blog-Artikel gelesen, worin es um den Punkt ging, dass du dich im Endeffekt als Person genauso positionieren kannst, als wenn du ein Produkt wärst. Beim Durchlesen des Artikels habe ich dann aber doch wieder festgestellt, dass Produktvermarktung essenziell von der Vermarktung von Personen abweicht.«

Es ist interessant zu beobachten, wie beide doch immer wieder in ihrem Fachgebiet denken. Und hier auf Mallorca haben sie nun die Gelegenheit, sich Themen zu widmen, für die sonst keine Zeit bleibt. Ein kleiner Vogel im Hintergrund scheint sich nun mit einbringen zu wollen.

»Zum Beispiel?«

Ben beugt sich leicht vor und erklärt mit leichtem Lächeln im Gesicht: »Wenn du dir die ganzen Nasen bei *DSDS* anschaust oder wenn du mal beobachtest, wer von den Leuten in diesen Shows hinterher wirklich erfolgreich war, also Marke geblieben ist, dann siehst du, dass es kaum welche gibt, die es wirklich geschafft haben. Gerade im Musik-Bereich. Fast die einzige Gruppe, die aus so einer Sendung heraus über längere Zeit echte Erfolge hatte, waren die No Angels.«

»Ja genau.« Edgar nickt zustimmend. »Das Spannende daran ist, dass die nie genau darüber nachgedacht haben, wie sie Personal Branding überhaupt für sich einsetzen können. Das ist allerdings eine unfaire Anmerkung, denn sie haben es gar nicht gewusst und nie so gehandelt. Was wäre gewesen, wenn …? Natürlich werden diese Leute von den Sendern vermarktet und in dem Moment, wenn die Staffel gelaufen ist, ist das Interesse erloschen. Das heißt also: Es liegt vielmehr bei demjenigen selber, für sich zu entscheiden, ob er sich selbst als Marke versteht und das aufbaut. Na gut, die meisten sind ja auch sehr jung, muss man fairerweise sagen. Die müssten dann auch einen Coach haben, der sie auf diese Welle bringen kann. Aber wir brauchen ja gar nicht über die Jugend zu reden, denn ich glaube, dass es heute für viele Menschen ein großer Traum ist – und das jetzt ganz brutal gesagt: Wie kann ich mit wenig Geld zum Superstar werden?«

In Edgars Stimme schwingt ein wenig Mitleid für all die jungen Leute mit, die unbedingt auf diesen Erfolgszug der Großen da draußen aufspringen wollen. Sie werden von einem regelrechten Sog mitgerissen und begreifen manchmal gar nicht, wie ihnen geschieht. Während einer kurzen Pause treffen ein paar etwas stärkere Wellen an die Felsen hinter den beiden. Edgar fühlt sich in seiner Aussage bestärkt und erklärt seinen Standpunkt weiter.

»Wie kann man zum richtigen Zeitpunkt an der richtigen Stelle sein? Und das nicht mit harter Arbeit, wie man das früher immer in Verbindung gebracht hat, dem Aufbauen eines großen Industrieunternehmens mit Tausenden von Mitarbeitern. Das ist eher eine Geschichte, die bei der heutigen Jugend immer weniger ankommt. Viel interessanter sind die Fragen: Was sind die Zielgruppen? Wer sind die Kunden, die über dieses Thema Personal Branding, was ja gerade entsteht, reflektieren? Das ist aus meiner Sicht ein dramatisch breites Spektrum. Ich merke bei manchen Vorständen und Geschäftsführern unter meinen Kunden, dass diese eine hohe Sensibilität dafür entwickeln, dass sie sich vermarkten müssen, weil sie wissen, dass sie nicht den Rest ihres Lebens in diesem Unternehmen bleiben werden.«

Ben findet das auch und nickt zustimmend, während er sich ein wenig auf dem Felsen zurechtrückt. »Das ist der Punkt. Und die wenigsten machen das natürlich.«

»In dem Moment, in dem sie realisieren, dass sie selbst das Produkt oder die Marke sind, fangen sie an, anders zu handeln. Dann geht es um Beiratsjobs zum Beispiel oder andere Dinge. Diese Menschen können in ihrer Firma super sein, aber sie bauen sich ihre eigene Karrierestrategie auf. Für mich ist das ein sehr großes Feld. Ich bin genauso wie du der Ansicht, dass es 99,9 Prozent noch gar nicht realisiert haben. Ein Steve Jobs hat das automatisch gemacht. Das ist jemand, zu dem ich hochschaue«, gestikuliert Edgar mit einer Handbewegung nach oben. »Der war einfach aufgrund seines Charismas jemand. Steve Jobs war gleich Apple – das kann man fairerweise sagen. Aber auch andere hätten eine Chance, mit einer Personal-Branding-Strategie erheblich mehr zu erreichen. Auch in Zukunft.«

»Ich habe so eine Generation von 40- bis 45-jährigen Managern«, fährt Edgar fort. Er ist in seinem Element. »... die haben noch viele Jahre vor sich. Warum nutzen sie diese Zeit nicht? Das ist ein ganz dickes Klientel, das für das Thema Personal Branding infrage kommt.«

Das heißt jetzt im Klartext:

- Die Vermarktung von Produkten unterscheidet sich grundlegend von der Vermarktung von Personen.
- Jeder muss für sich selbst entscheiden, ob er sich als Marke versteht und das aufbaut.
- Auch Vorstände und Geschäftsführer entwickeln mittlerweile eine Sensibilität dafür, sich als Marke verstehen zu müssen, denn dann fangen sie an zu handeln.

»Dann gibt es auch megaviele Branchen, in denen das eigentlich ein Schlüsselfaktor ist«, fügt Ben hinzu. Er kennt bereits viele davon durch seine Arbeit mit Menschen. »Wenn du dir mal überlegst, warum man heute zu einem Facharzt oder zu einem besonderen Anwalt geht. Dass die ihr Fach beherrschen, ist für uns selbstverständlich, denn das übermittelt uns deren Titel. Aber der entscheidende Punkt, zu sagen: Ich wähle mir diesen Anwalt aus oder gehe zu diesem Facharzt, läuft auf einer völlig anderen Ebene ab.«

»Das ist jetzt eine wunderschöne Brücke«, findet Edgar und nickt zu dieser Aussage, denn ihm fällt sofort eins seiner Lieblingsprojekte ein, die er im vorherigen Jahr durchgeführt hat.

»Wir haben ja einen Kieferorthopäden, den wir vermarktet haben. Der kam damals zu uns mit dem Wunsch, eine Schlüsselrolle in seinem Ort Wesel zu haben und bei Google unter ›Kieferorthopäde Wesel‹ ganz vorne dabei zu sein. Das war ein komplettes Runderneuerungsprogramm. Dieser Orthopäde beherrscht heute von zehn Keywords seiner Branche bei Google acht. Ich habe gerade vor Kurzem mit ihm telefoniert, und da erzählte er mir, dass seine Frau zu ihm gesagt hatte, es wäre besser gewesen, den Geffroy nicht engagiert zu haben, denn dann könnten sie mehr Urlaub machen … ohne Spaß!«

Diese Aussage lässt Ben laut loslachen, denn er kann sich vorstellen, wie es in letzter Zeit bei diesem Arzt sprichwörtlich »abgegangen« sein muss.

»Er sagte darauf zwar, dass er das anders sieht«, erklärt Edgar weiter. »Es ist unvorstellbar, was dadurch entstanden ist. Er macht seinen Job zwar mit seinem Team, aber es gibt immer eine Person, die zieht. Und das ist er.«

Ben kennt die Story von Edgars Kunden und erinnert sich, als diese unvorstellbare Dynamik entstanden war. Die ganze Sache war deswegen so interessant, weil ein Kieferorthopäde sonst nicht darüber nachdenken würde, sich zu vermarkten. Plötzlich ist er zu einer Marke geworden. »Es gibt immer eine Gallionsfigur.«

»Also, wo hört Personal Branding auf? Ich glaube fast, nirgendwo.«

Wie wahr, denkt Ben und beobachtet zwei Hotelgäste, die langsam vom Poolbereich des Hotels die Böschung hinab zu ihnen schlendern. Edgar fährt fort: »Meine Trainerkollegen machen ja auch Personal Branding und letzten Endes ist das einer der Gründe, weshalb wir hier sitzen. Mir ist es irgendwie in die Wiege gelegt worden, verkaufen zu können. Ich habe als Fünfjähriger die Hosen an meine Freunde verkauft, bis es meiner Mutter aufgefallen war, dass ich immer weniger Hosen hatte. Ich weiß nicht, ob ich so etwas in meinem Umfeld noch einmal so schaffen würde, wenn ich nicht diese Fähigkeit besitzen würde, zu vermarkten. Viele meiner Kollegen verkaufen sich auch gut, machen Personal Branding – und deine Kunden ja ebenso«, gestikuliert Edgar in Bens Richtung. »Weil sie das realisiert haben. Ich habe zum Beispiel sensationelle Kollegen, die keiner kennt, weil sie sich nie vermarktet haben.«

»Und zwar, weil ihnen ein ganz besonderes Gen fehlt.«

»Welches denn?«, fragt Edgar sichtlich interessiert und beugt sich zu Ben rüber.

»Ich glaube, es braucht für das Thema Personal Branding ein Gen. Schau mal, wir reden in unserer Szene ja oft über Themen wie Platzhirschgehabe, Silberrücken, Egoshooter und so weiter. Diese Formulierungen sind ja nicht falsch. Ich glaube, dass diejenigen, die sich mit Personal Branding auseinandersetzen und auch die Bereitschaft zeigen, überhaupt diesen Weg zu gehen und mit ihrem Gesicht öffentlich zu werden – denn das ist Voraussetzung –, ein Feeling dafür entwickeln und sich fragen: Will ich das überhaupt? Was passiert eigentlich, wenn ich meine Nase in die Öffentlichkeit halte?« Edgar nickt zustimmend, während Ben, jetzt ebenso absolut in seinem Element, weiterfragt: »Und welche Konsequenzen hat das vor allen Dingen auch? Denn dann ist es ja anders, als wenn man nur ein Produkt oder eine Dienstleistung hat.« Nach einer kleinen Pause fährt er fort.

»Ich glaube, dass du im Bereich Personal Branding ein besonderes Gen haben musst, das bestimmte Motivatoren und Antreiber anpitcht, die du so von Haus aus hast. Du hast ja vorhin gesagt, das ist dir in die Wiege gelegt worden.« Bei diesen Worten schaut Ben in den strahlend blauen Himmel und muss ein wenig blinzeln. Händereibend geht er mit seinen Worten sogar noch einen Schritt weiter: »Ich sage mal, wenn du diesen Antreiber nicht hättest oder keinen Motivator hättest, der dafür sorgt, dass dir das auch ein Stück weit gefällt, vor einer großen Gruppe, vor Publikum zu stehen, die Öffentlichkeit zu genießen – wenn du also mit all dem ein Problem hättest –, dann könntest du deinen Job heute nicht so machen.«

Als Edgar wieder das Wort ergreift, rückt Ben ein wenig näher an ihn heran und nimmt gar nicht wahr, dass die beiden Hotelgäste mittlerweile recht nah an ihnen vorbeischlendern – neugierig in deren Richtung schauend. Edgar hingegen hat sie wahrgenommen und als er sie anschaut, huschen deren Blicke in die entgegengesetzte Richtung. Ben ist gespannt, was sein Freund jetzt zu seinen Worten von eben sagt.

»Das betrachtest du also jetzt als Gen, ich betrachte das als einen inneren Antrieb. Und da gibt es auch tatsächlich hie und da einige schöne Beispiele: Wenn man sich mal die Biografien von Tony Robbins oder Steve Jobs anschaut, haben diese Menschen immer noch etwas zu beweisen gehabt. Das war für viele das Motiv, extrovertiert auf die Bühne zu treten. Wer mich näher kennt, weiß, dass ich nicht unbedingt gerne vorne stehe. Aber wenn ich vorne stehe, dann will ich auch beweisen, dass es keine Alternative gibt.«

»Aber genießen tust du es ja trotzdem.« Ben grinst verschmitzt.

Das heißt jetzt im Klartext:

- Personal Branding ist auch wichtig für Branchen wie Fachärzte, Anwälte, Immobilienberater, Steuerberater, Ingenieure, Rechtsanwälte, Politiker – das wird oft verkannt.
- Man muss die Bereitschaft haben, seine Nase in die Öffentlichkeit zu halten – und sich der Konsequenzen bewusst sein.
- Will ich das überhaupt? Diese Frage sollte man mit einem klaren *Ja* beantworten.

»Wenn das nicht so wäre, würde ich wohl wie eine Pflanze eingehen«, entgegnet Edgar, seine Stirn kurz in Falten legend. Doch sichtlich aufgehellt fährt er fort: »Was gibt es Schöneres, als für einen gut gemachten Job Anerkennung zu bekommen? Ein Manager bekommt so etwas so gut wie nie. Der kassiert vielleicht Tantiemen am Ende des Jahres, aber er hat nie das Gefühl dieses Soforterlebnisses.«

Edgar setzt sich seine Sonnenbrille wieder auf. »Ich komme noch mal auf das Gen zurück: Das Gen erkennt man immer wieder bei Kollegen, die einen inneren Antrieb haben. Manche davon stammen vielleicht aus ärmlichen Verhältnissen und sagen: ›Ich möchte nie wieder dorthin zurückkehren.‹ Dieser Vorsatz treibt einen inneren Motor an.« Ein Begriff, den Ben zustimmend nickend unterstreicht, während Edgar fortfährt. »Ich mache meinen Job jetzt ja praktisch seit 32 Jahren in der Selbstständigkeit, und da stellt sich natürlich die Frage: Warum machst du das eigentlich noch? Zugleich kommt aber auch gar nicht infrage, dass ich etwas anderes mache. Das ist der innere Antrieb, der mich jeden Tag dazu bringt, in den Spiegel zu schauen und zu überlegen, was man anders machen könnte. Wenn das das Gen ist, dann hat es auch viel mit Psychologie zu tun und damit, dass man der Welt beweisen will, dass man eine Existenzberechtigung hat. Wenn das fehlt – das merke ich an Menschen, die ein Supertalent haben, aber keinen Drive, der Welt erklären zu wollen, dass sie die besten sind –, dann wird es natürlich um einiges schwieriger. Unter dem Stichwort ›Positionierung‹ muss ich fairerweise sagen, dass es Menschen gibt, die zum richtigen Zeitpunkt an der richtigen Stelle stehen und mitgenommen werden. Die haben nie über Positionierung nachgedacht, aber sie waren da. Und dann gibt es natürlich eine Automatik«, erklärt Edgar und macht dazu eine schaufelnde Handbewegung.

»Wie damals, als du das Buch *Das Einzige, was stört, ist der Kunde* veröffentlicht hast und drei Jahre lang nichts passiert ist – die Buchhandlungen hatten das Buch sogar versteckt, aus Angst, darauf angesprochen zu werden. Und plötzlich entdeckte man weltweit den Kunden, erinnerte sich an das Buch und an dich …« fügt Ben ein, denn er kann sich noch gut an diese Story erinnern.

»Und selbst wenn ich keinen Drive gehabt hätte, wäre ich in dem Moment durch den Sog mitgeschwemmt worden«, erinnert sich Edgar an diese Zeit zurück. Es ist schon verrückt, dass manchmal erst etwas passieren muss, bevor längst vorhergesagte Dinge tatsächlich eintreffen und plötzlich die Menschen wachrütteln.

Ben weiß, was in Edgars Kopf gerade passiert. »Zumindest temporär, ja. Aber wenn Menschen diesen Drive, dieses Gen nicht haben, ist das ja nur eine Momentaufnahme.« Mit seiner rechten Hand zeichnet Ben eine Grafik in die Luft, während er weiterredet. »Auf Dauer kriegen sie es nicht gebacken, das Ding auf einem bestimmten Level zu halten, weil der Antrieb fehlt. In der Zusammenarbeit mit den Kunden habe ich festgestellt, dass vier Faktoren immer wieder zutage treten, wenn wir über das Gen reden: Einfluss und Macht, das Thema Ansehen, auch gesellschaftliches, Anerkennung, es geschafft zu haben, und ein vierter Faktor, den ich auch sehr interessant finde: Status«, zählt Ben an seinen Fingern ab. »Wenn ich einen höheren Bekanntheitsgrad habe, befinde ich mich auch in einer anderen Stellung. Im Coaching merke ich das immer wieder … Letztens habe ich die Kandidatur eines Bürgermeisters begleitet und dafür muss man auch geboren sein, sich freiwillig zu melden und für eine ganze Stadt die Nase hinzuhalten. Dafür muss man ein Faible haben. Und wenn du herausfindest, was diese Leute antreibt, dann kann man ganz oft sagen: Einer dieser vier Faktoren spielt immer eine Rolle.«

»Womit wir ja die nächste Zielgruppe hätten: Politiker. Wenn man sich da mal den einen oder anderen anschaut, vermisst man ja durchaus das professionelle Vermarktungskonzept«, findet Edgar. »Obama ist ja damals so gut nach vorne gekommen, weil er sich ja höchst professionell vermarktet hat. Er wurde zum Präsidenten der Vereinigten Staaten gewählt, obwohl er die Erwartungen am Ende nicht erfüllt hat. Insofern finde ich die vier Themenbereiche sehr relevant. Mindestens einer, wenn nicht sogar zwei, sind in Kombination die Grundlage. Die meisten meiner Branchenkollegen, die damals mit mir angetreten sind, gibt es heute nicht mehr.«

Edgar nimmt seine Sonnenbrille ab und hält sie gestikulierend fest. »Die waren einfach mal da, haben ihre Zeit gehabt, waren supererfolgreich, aber von denen redet heute keiner mehr. Also müssen noch ein paar andere Dinge hinzukommen, weshalb man aus dem richtigen Zeitpunkt …«

Ihm fällt ein passender Vergleich dazu aus der griechischen Mythologie ein. »Es gibt ja am griechischen Olymp den Kairos, den Gott für die Gunst des Augenblicks. Es gibt definitiv eine Gunst des Augenblicks, eine Kairos-Chance, und derjenige, der zufälligerweise das Buch und das Thema besetzt hat, wird nach oben gespült. Aber das ist natürlich keine dauerhafte Grundlage, denn irgendwann geht es wieder runter. Wir sprechen später noch darüber, wie man Erfolg dauerhaft untermauert, aber wir können sicher jetzt schon sagen: Es muss ein innerer Antrieb vorhanden sein.«

Als Reaktion darauf macht Ben eine nach vorn pushende Handbewegung. »Es muss einen Drive geben, um dann zu sagen: Ich will etwas in dieser Welt bewegen, was es in der Form noch nicht gegeben hat. Ich nenne das immer sehr provokant das Platzhirsch-Gen.« Mit der einen Hand auf den Felsen abgestützt gibt Ben das Wort zurück an Edgar.

Diesem fällt hierzu genau sein Thema ein. »Das Ziel ist es, im Kopf des Kunden Erster zu sein. Du hast ja auch immer nur drei Toprestaurants im Kopf, und nur eine Nummer eins – den Rest musst du dir mühsam zusammensuchen. Auf einen Punkt gebracht, ohne Namen zu nennen: Gibt es ein Wort, das dich perfekt charakterisiert? In diesem Themenbereich bist du der Platzhirsch. Diesen Status kann man ja auch genießen: Einladungen kommen einem zu, auf der Straße wird Anerkennung ausgesprochen. Aber letzten Endes ist der Drive die zentrale Grundlage, weshalb man Erster im Kopf oder, wie du sagst, Platzhirsch werden möchte. Die meisten haben ja viel mehr Spaß daran, sich zu verzetteln. Unsere Eltern haben uns schon gesagt: Man kann nicht mit einem Hintern auf zwei Pferden sitzen. Aber die meisten wollen ja sogar auf zehn Pferden sitzen!«

Bei diesem letzten Satz kann Ben nicht anders, als lauthals loszulachen, was die Blicke der beiden Hotelgäste, die sich langsam wieder Richtung Hotel bewegen, auf die beiden zieht. Nur mit Mühe scheint sich Ben auf dem Felsen halten zu können. »Das kenne ich aus den Coachings.«

Edgar setzt seine Brille wieder auf und fügt noch kurz hinzu: »Mal so, mal so, mal so – da kann nie was draus werden. Zuerst sollte man sich also fragen: Wo will ich Platzhirsch sein?«

»Ich konfrontiere meine Kunden ganz oft damit: Wenn du die Bereitschaft nicht mitbringst und nicht den Drang hast, dein Platzhirsch-Gen ausleben zu wollen, wirst du es nie zur Marke schaffen. Ganz oft ist dann die Reaktion – da der Begriff ›Platzhirsch‹ ja auch negativ besetzt ist – eher zögerlich. Ich registriere also einen hohen Widerstand, wenn es um das Thema geht. Zuzugeben, dass einer der vier Faktoren mein Antrieb ist, hat also auch viel mit Selbstreflexion zu tun, denn wer gibt schon gerne zu, dass er auf Macht und Ansehen steht?«

»Man muss es ja nicht öffentlich machen und gleich jedem sagen: Ich hab einen dramatischen Minderwertigkeitskomplex und erkläre hiermit der ganzen Welt, dass ich den jetzt mit euch abbaue!«

Ben kann nicht anders und muss wieder losprusten.

»Das ist die wesentliche Grundlage vieler Menschen«, versucht Edgar weiterzuerklären. »Mir hat ein psychologisches Gutachten mal bescheinigt, dass ich an einem Minderwertigkeitskomplex leide.« Bens Augen werden bei dieser Aussage groß. »Keine Ahnung, ob ich den noch habe. Das war aber eine Antriebsfeder. Vielleicht bin ich auch der Erste, der sich öffentlich zu dem Thema outet, aber das war in jedem Fall eine Antriebsfeder. Und in vielen entwickelt sich dieser Komplex zu einem Drive, nach vorne zu kommen. Gerade bei Frauen ist das ein Riesenproblem, weil sie sagen: ›Nein, ich bin kein Ellenbogentyp, der plötzlich an allen vorbeiziehen will.‹« Eine größere Welle lässt das Geräusch der nahen Grotte etwas bedrohender klingen und scheint diese Aussage noch zusätzlich zu untermauern. Die beiden Schiffe von vorhin scheinen weg zu sein. Dafür ist mittlerweile am Horizont ein weiteres aufgetaucht und bewegt sich nur sehr langsam weiter. Scheint ein etwas größeres Exemplar zu sein. Zur Linken tuckert ein Fischkutter in die Hafenbucht, dessen Motorengeräusch gut hörbar an die beiden herandringt.

»Es gibt ja immer noch das Prinzip Hoffnung«, fährt Edgar fort. »Ich bin zur richtigen Zeit an der richtigen Stelle und werde plötzlich nach oben katapultiert. Aber in beiden Fällen geht es erst einmal um die Definition dessen, wofür ich stehe, was ich anders mache, was meine Kernkompetenz ist. Im Firmencoaching – das ist ja mein Thema – und in der strategischen Beratung stelle ich immer wieder fest, dass sich keiner darüber im Klaren ist. Auch ein Unternehmen, das seit 20 Jahren am Markt ist, kann nicht sagen: Was mache ich zum Vorteil meiner Kunden anders als meine Mitbewerber? Das finde ich phänomenal. Und das Gleiche gilt natürlich auch für Personen.«

»Wenn ich erkannt habe, wo der energetische Knopf für meinen Drive sitzt, bedeutet das ja auch die Akzeptanz des Gens und die Anerkennung des Bedürfnisses. Ich darf das«, gestikuliert Ben angeregt. »Das wurde uns ja auch über Generationen hinweg mit Glaubenssätzen eingeimpft, dass wir anderen den Vortritt lassen sollen, andere gewinnen lassen, unsere eigenen Bedürfnisse zurückstellen. Und jetzt auf einmal kommen wir daher und sagen: Wenn du auf Anerkennung stehst, kann das ein Motor dafür sein, dass du auch dauerhaft als Person erfolgreich bist. Also: Geh damit um und akzeptiere das auch.«

Das heißt jetzt im Klartext:

- Für Personal Branding braucht man einen inneren Antrieb, einen Motor, seine Nase in die Öffentlichkeit halten zu wollen und *Platzhirsch* zu sein.
- Diese Antreiber können sein: Einfluss, Macht, Anerkennung, Status und Ansehen.
- Wer nicht die Bereitschaft mitbringt und nicht den Drang hat, sein Platzhirsch-Gen ausleben zu wollen, wird es nie zur Marke schaffen.

»Da hast du ein Superstichwort gebracht: Glaubenssätze.« Edgar nimmt die Sonnenbrille wieder ab und hält sie in beiden Händen, während Ben sein rechtes Bein hochzieht und seinen Arm darauf ablegt, gespannt darauf, was Edgar zu seiner Ausführung sagt.

»Im Zuge meiner NLP-Ausbildung[1] waren Glaubenssätze für mich immer das wichtigste Thema. Um dein Beispiel fortzuentwickeln: Wenn man einem Kind immer sagt, es müsse sich nicht so wichtig nehmen, dann wird es sein Leben lang ein Problem damit haben, sich selbst zu akzeptieren. Unsere Tochter haben wir gefragt, wer der wichtigste Mensch in ihrem Leben sei, und als sie geantwortet hat: Mama, Papa und der Bruder, haben wir gesagt: Du bist der wichtigste Mensch in deinem Leben. Daraus konnte sie einen anderen Glaubenssatz ableiten. Das bedeutet nicht, dass sie egoistisch ist – das wird gerne mal verwechselt –, sondern dass sie sich selbst als Mensch akzeptieren und daher auch anderen Menschen helfen kann.«

»Wenn jemand von klein auf gesagt bekommt: ›Nimm dich selbst nicht so wichtig‹, und einer sagt dir, du sollst dich auf die Bühne stellen, dann geht das natürlich nicht. Und das, obwohl er wahrscheinlich unglaubliche Fähigkeiten besitzt.«

Edgar nickt zustimmend. »Ich kenne zahllose Menschen, die ebenso gute Redner sein könnten wie ich, aber denen fehlen vielleicht solche Elemente, weshalb sie nicht das Beste draus machen können. Für manche ist es vielleicht – ich habe es vor allem bei Frauen erlebt – die Notwendigkeit, die Kinder zu versorgen. Die wären vielleicht nie von selbst aus dem Job rausgegangen, aber plötzlich hat die Firma zugemacht, und dann entwickelt sich aus der Motivation, die Familie zu versorgen, ein neuer Drive. Aber es läuft immer auf eines hinaus: Es ist kein Bewusstsein vorhanden, dass man sich selbst zu einer Marke entwickeln könnte.«

Ben kann dem nur zustimmen, denn er erlebt das in seinem beruflichen Alltag immer wieder aufs Neue. »Wir sehen das ja auch daran, wie wenig weibliche Redner es in der Speaker-Szene gibt. Uns

---

1 NLP bedeutet Neurolinguistisches Programmieren, bei dem es um Kommunikationstechniken und Methoden zur Veränderung psychischer Abläufe im Menschen geht.

Männern wird ja oft gesagt: Ihr seid Silberrücken, ihr seid Platzhirsche, für euch gehört Säbelrasseln zum Naturell.« Edgar wiegt zustimmend seinen Kopf und Ben fährt fort: »Aber wie du sagst, hat ja auch eine Frau in Bezug auf die Themen Anerkennung, Ansehen, Einflussnahme eine Riesenchance, wenn sie sich als Marke präsentiert. In der Branche ist es interessant zu beobachten, dass, wenn es um Marken geht, Männer sehr viel prominenter sind«, erklärt Ben bestimmt und gibt bewusst das Wort an seinen Freund.

»Ich habe mal eine Roadshow mit dem Titel *Die Zukunft ist weiblich* geführt. Frauen haben einen anderen Stil, eine andere Art. Ich kenne viele talentierte Rednerinnen und auch Unternehmerinnen. Das ist spannend: Eine Unternehmerin muss sich ja auch vermarkten. Wir betreuen da gerade eine Frau in einem Handwerksunternehmen, die nun Vorträge vor gestandenen Kräften in der Handwerksbranche hält und natürlich mit einer ganz anderen Akzeptanz zu kämpfen hat. Da liegt gigantisches Potenzial verborgen: Frauen sind eine riesige Zielgruppe – Speakerinnen, Unternehmerinnen, auch Politikerinnen –, die ein anderes Selbstverständnis haben, wenn es um die Bühne geht. Aber sie haben trotzdem die Chance, ihren Erfolg neu zu definieren.«

Ben nickt zustimmend und definiert Edgars Ausführung weiter. »Das heißt im Klartext: Auf dem Weg zur Marke komme ich um den Platzhirsch nicht herum. Diese Gene, diese Antreiber, dieser Drive, mir dessen bewusst zu sein, sie zu akzeptieren, wahrscheinlich auch alte Glaubenssätze zu eliminieren und zu sagen: Pass mal auf, hier sitzt jetzt jemand anderes auf dem Regiestuhl, und nicht der Glaubenssatz! – das gehört ganz eng zusammen und das darf sein. Das sind keine Komponenten, die sich abstoßen, im Gegenteil. Die potenzieren sich und machen Personen zur Marke, wenn sie es zulassen, allerdings in einem vernünftigen Maß – schließlich man kann immer auf beiden Seiten vom Pferd fallen. Solche Beispiele haben wir auch, wenn es um die Themen Ansehen oder Anerkennung geht. Vielleicht braucht man auch ein bisschen mehr davon als Otto Normalverbraucher, um die eigene Präsenz auch wirklich zuzulassen.«

»Da war ein schöner Schlüsselsatz dabei«, entgegnet Edgar. »Ich bin überzeugt, dass man erst einmal psychologisch anfangen muss. Man muss wirklich erst einmal in die eigenen Glaubenssätze und Wertesysteme hineingehen. Sonst kommt nichts von dem, was hinterher passiert, zum Tragen, da die alten Glaubenssätze das schon von Anfang an verhindern.«

»Weil ich mir dieser Glaubenssätze nicht bewusst bin.«

»Glaubenssätze sind uns allen nicht bewusst. Aber sie steuern unser Leben – das ist ja der Oberhammer. ›Geld ist schlecht‹ zum Beispiel. Da gibt es sehr viele Erfahrungen. Da gibt es den Tatsachenbericht eines sensationellen Börsenmaklers, der aus dem Nichts heraus Unsummen verdient hat. Kurze Zeit später hatte er alles verspielt. Und dann hat er wieder vorne angefangen – warum? Er kam an die Spitze, dann kam sein Glaubenssatz: ›Geld ist schlecht‹, und er hat's vernichtet. Und darüber war er sich nie im Klaren – er hat sich immer gefragt: Warum passiert das? Und wenn man sich diese Dramatik vorstellt, kann man erahnen, was für ein unvorstellbares Potenzial – und das ist ja auch immer mein Ansatz – Menschen haben, ohne sich darüber im Klaren zu sein oder dranzugehen, es zu wagen, weil eine innere Mauer es verhindert.« Edgar formt mit seinen Händen eine Mauer vor sein Gesicht.

»Oder halt permanent sagt: ›Hier, das darfst du nicht, lass die Finger davon, das ist nicht in Ordnung‹«, gestikuliert Ben mit erhobenem Zeigefinger. »Wenn man Wertebezeichnungen wie Macht und Einfluss betrachtet ... Wir sind gerade als Deutsche bei solchen Begriffen massiv vorgeprägt, und das merkst du vor allem, wenn du so ein Wort anpitchst, obwohl das Wort an sich nicht schlecht ist. Es ist immer nur die Frage, was die Auswirkung davon ist.«

»Genauso wie ›Elite‹«, wirft Edgar ein.

»Elite, ja. ›Status‹ ist auch ganz oft so ein Begriff.«

»Das ist ein Hammer, oder?« Edgar richtet im Sitzen seinen Oberkörper auf. »Wir tragen eine 70 Jahre alte Schuld mit uns herum. Und das haben wir in unseren Glaubenssätzen drin. Das Wort ›Elite‹ ist ein schönes Beispiel: Jedes Land hat seine Eliten. Aber wenn wir das Wort ›Elite‹ in den Mund nehmen, geht schon ein komplettes Programm los. Die große Chance ist einfach, dass Menschen akzeptieren, dass sie viel mehr aus sich machen können, und jetzt kommt's: zum Vorteil der anderen. Das ist ja kein Egoismus. Es gibt so viel Know-how, das man an Menschen weitergeben kann – als Manager, als Arzt, als Redner –, aber es wird oft durch solche Umstände verhindert. Wir erreichen gar nicht die nächste Stufe, weil die ganzen Programme dafür sorgen, dass eine Vollbremsung durchgeführt wird. ›Tolle Idee, machen wir auch nicht!‹ sage ich immer. Da können wir noch so viele Seminare und Coachings machen, es kommt gar nicht in die Köpfe rein.«

Mittlerweile hat sich eine kleinere Gruppe Leute etwa 20 Meter entfernt auf den benachbarten Felsen niedergelassen. Zwei Männer reden miteinander, während sie ihren Blick auf Edgar und Ben fokussieren. Die anderen drei schauen nach links Richtung Hafenbucht und einer deutet hinaus aufs Meer. Das große Schiff am Horizont hat sich nur fast unmerklich von der Stelle bewegt. In der Nähe des Ufers flitzt ein Motorboot vorbei und hinterlässt weißes, aufgewühltes Wasser hinter sich. Edgar folgt dem Boot mit seinem Blick, als Ben ihm eine Frage stellt:

Das heißt jetzt im Klartext:

- Glaubenssätze können einen Menschen daran hindern, sich zur Marke zu entwickeln.
- Besonders Frauen haben aus diesem Grund eine große Herausforderung, sich als Marke aufzustellen, weil sie mehr als Männer mit Akzeptanz zu kämpfen haben.
- Auf dem Weg zur Marke kommt man um den Platzhirsch nicht herum.

»Was, würdest du denn sagen, ist die Kombination aus Platzhirsch und Marke?«

Edgar richtet seinen Blick wieder zurück und überlegt einen Moment. »Die Kombination aus Platzhirsch und Marke ist die Fähigkeit, sich selber ins richtige Licht rücken zu wollen. Es ist ein kybernetisches System, das darf man nicht erwähnen, weil's schon wieder allzu kompliziert ist. Es ist ja eine Vernetzung. Erfolg ist nicht singulär. Wenn ich gefragt werde, Stichwort ›Internet‹, womit ich mich ja sehr viel beschäftigt habe in den letzten Jahren: ›Was ist die richtige Strategie, sollen wir aufs Internet setzen oder auf andere Kanäle?‹, antworte ich immer: ›Sowohl als auch.‹ Die Wahrheit liegt immer in der Vernetzung einzelner Umstände. Bei der Grundthematik ist eine der zentralen Grundlagen, erst einmal in den Spiegel zu schauen. Eine Eigenbetrachtung durchzuführen – mit Hilfe, im Zweifelsfall – und sich zu öffnen, um dann zu sagen: Ich kann der Menschheit auch etwas geben. Zum Vorteil der Menschheit, zu ihrem Nutzen. Dazu gehört eine Marke, die Definition einer Marke, ein Marketingthema, ein Vertriebsthema – das sind viele Dinge, die da zusammenkommen müssen.«

Ben beugt sich nach vorn und erklärt bestimmt: »Und, was wir vorhin festgestellt haben, ist dieses Thema: das Bewusstsein meiner eigenen Antreiber, meiner eigenen Motivatoren als Brandbeschleuniger oder als Drive, der mich ein Stück weit nach oben bringt. Was brauche ich in mir für Punkte, die mich dann auch oben halten? Auch das Bewusstsein darüber, ob ich das eigentlich will. Gehört das auch zu mir?«

»Ich frage immer so schön: Will man den Preis zahlen? Davon hat kaum einer eine Vorstellung.« Damit spricht Edgar aus, was vielen nicht bewusst ist.

»Ich habe kürzlich auf der GSA[2] einen Vortrag darüber gehalten, was wirklich zählt. Es läuft ja immer wieder aufs Gleiche hinaus: Wie schafft man es, dauerhaft so erfolgreich zu sein? Das Erste, was ich sage: ›Wer sagt denn, dass ich dauerhaft erfolgreich war?‹ Aus meiner Sicht zahlt man einen sehr hohen Preis.«

»Das sollte man wissen. Darüber sollte man sich im Klaren sein«, nickt Ben zustimmend.

»Ich zum Beispiel finde die 35-Stunden-Woche toll. Ich finde sie so toll, ich mache sie direkt zweimal die Woche.« Diese Aussage lässt Ben schmunzeln, denn er kennt Edgar nur zu gut. »Das ist der Preis der Zeit, den man zahlen muss. Wenn man meine Familie fragen würde … Mein Sohn, der jetzt 22 ist und in London studiert, hat mir auch mitgeteilt: Du warst eigentlich nie so richtig da. Das Unternehmen oder der Job fordert einen mit Haut und Haar«, erklärt Edgar kritisch.

»Das kann man nicht mit einer 40-Stunden-Woche abarbeiten, das muss man leben wollen. Und es ist wichtig, dass man dafür bereit ist. Viele sehen nur die schönen Dinge, sie sehen nur die Vorteile, dass man Bestseller oder was auch immer hat – sie sehen aber nicht

2 GSA = German Speakers Association

die andere Seite dieser Medaille, dass man dafür einen hohen Preis zahlen muss. Bis hin zum Gesundheitlichen, das muss man auch berücksichtigen: Warum gibt es wohl gerade im Management-Bereich so viele Burn-out-Fälle? Weil man natürlich mit permanenter Überforderung zu kämpfen hat. Das ist ein Preis – darüber muss man sich auch im Klaren sein – ein Preis, den man zahlen können und wollen muss. Und wenn man sagt: ›Ich nehme jetzt alles mit, das sieht ja immer so schön aus, jedenfalls auf der Bühne, und alles klatscht, oder ich will Anerkennung …‹ aber es hat seinen Preis.«

»Es hat seinen Preis, ganz klar«, stimmt Ben zu und rückt sich auf seinem Sitzplatz zurecht. »Das sieht man ganz extrem in der Musikerszene, gerade bei Newcomern, die ins Showgeschäft reinstolpern. Am Anfang klingt das alles wahnsinnig gut, und wenn die dann da reinkommen und man Jahre später guckt: Was ist aus denen geworden, auch persönlich und privat?«

»Nimm mal Sportler«, fügt Edgar ein. »Ich kenne einige Sportler. Oder aber nimm mal als Beispiel einen Schauspieler. Ich habe kürzlich einen Schauspieler getroffen – ich lasse den Namen mal weg, den kennt jeder. Der ist im deutschen Fernsehen ziemlich bekannt. Wir kennen uns ein bisschen näher, halb privat. Den habe ich kürzlich gefragt, wie's ihm geht, da sagt er: ›Hör auf, ich kriege keine Jobs mehr.‹ Aus dem, der als Promi rumläuft, wurde plötzlich ein ganz armer Mensch. Und man merkte, dass er Panik hatte. Weil er einfach nicht mehr gebucht wird. Das heißt also: Super, alles läuft, jeder kennt ihn, und? Von einem Tag auf den anderen nicht mehr gefragt.«

»Auslaufmodell«, stimmt Ben zu.

Edgar erklärt dessen Situation ein wenig näher, die genauso gut auch andere betreffen könnte, die im Rampenlicht stehen oder gestanden haben. »Er ist aber auch so ein Typ, der sich keine Gedanken über die Themen gemacht hat, über die wir gerade reden.« Edgar überlegt kurz. »Oder Opernsänger ... Es gibt so viele Beispiele von Menschen, die mit ihren Fähigkeiten nur einen begrenzten Zeitraum abdecken können. Warum ist ein Beckenbauer noch ein Beckenbauer, das ist so ein klassisches Beispiel. Von den meisten Fußballern redet keiner mehr. Das sind die gleichen Prinzipien, die gleichen Vermarktungsprinzipien: Die bekommen ihr Geld und haben eine gute Zeit ihre Ära, aber das Ende ihrer Ära ist ja vorgezeichnet. Und dann zählt, ob ich meine Zeit genutzt habe, um mich danach besser zu vermarkten. Und ich glaube, das gelingt nur wenigen, weil praktisch niemand das, worüber wir gerade reden, auch nur annäherungsweise zu Ende gedacht hat«, erklärt Edgar bestimmt.

»Also bedeutet Marke: Ich muss mir der Konsequenzen bewusst sein, wenn ich diesen Weg gehen will«, wägt Ben ab.

»Ich muss mir meiner Antreiber und Motivatoren bewusst sein – und ich merke bei meiner Arbeit, dass das bei den meisten nicht der Fall ist oder dass man sie das erste Mal damit konfrontiert und sagt: ›Du, pass auf, ist dir das eigentlich klar?‹ Das habe ich letzte Woche noch erlebt, beim Coaching mit einem Kunden, da stehen dann plötzlich Sachen auf dem Flipchart, bei denen er sagt: ›Mensch, das ist mir noch nie so bewusst gewesen.‹ Und dann die nächste Frage: ›Gibst du dir die Legitimation und Erlaubnis, das auszuleben?‹ Und dann merkst du auf einmal, wie man an diese Blockade kommt: ›Pfui, darf ich nicht!‹«, klopft sich Ben auf den Handrücken. »Und ich sage: ›Nein, lebe das aus, gib dir das Mandat. Denn wenn du erreichen willst, was du dir wünschst, wirst du das brauchen.‹ Man muss sich bewusst werden, was dieser Weg für Konsequenzen und Auswirkungen hat, auch im Privatleben.«

Ben beugt sich nach vorn und fährt fort: »Es ist, als wenn einer entscheidet, dass er Unternehmer wird: Was heißt das? Wenn du ein Gründer bist, weißt du, dass du mindestens in den ersten drei Jahren die Arschbacken ganz massiv zusammenkneifen musst fürs Arbeiten und auch in der Regel kein Wochenende hast. Das hat Auswirkungen. Die Bereitschaft, Marke zu werden, hat viele Randbereiche, die man im Idealfall beleuchten sollte, bevor man diesen Weg geht – sonst stellt man sich selbst ein Bein.«

»Es ist eine sehr pointierte Betrachtung, die wir hier gerade machen.« Edgar gestikuliert bestimmend mit seiner Brille. »In der Summe überwiegen aber, aus meiner Sicht die Vorteile.«

»Das sagst du!« Ben beugt sich zu Edgar rüber und schaut ihn direkt an.

»Das ist meine Definition, ja«, antwortet der, ohne zu zögern, und Ben lacht laut auf. »Ansonsten wäre es ja auch kein Unternehmertyp oder Speaker, der diesen Weg gehen will. Aber wir appellieren ja auch an die, die sich ihr eigenes Leben gestalten und die Chancen nutzen möchten, die ihnen geboten werden. Die Zeit ist ja gleich verteilt: Jeder hat am Tag 24 Stunden und kann sich entscheiden, wie er die nutzt. Du hast recht, es ist meine Entscheidung, die Zeit so genutzt zu haben. Wenn mir einer vor 35 Jahren gesagt hätte, dass wir heute hier sitzen und über diese Themen sprechen würden, wäre ich laut lachend weggelaufen und hätte das als völligen Wahnsinn abgetan.«

Ben verschränkt die Arme, schaut unter sich und prustet los.

»35 Jahre später kann ich dann Bilanz ziehen und sagen, dass ich ein ganz normales Leben hätte führen können. Ich hab ja mal bei Klöckner & Co. verkauft – vielleicht wär ich Sachgebietsleiter geworden, keine Ahnung.« Edgar erinnert sich an diese Geschichte, die er immer wieder gerne erzählt.

»Das war übrigens damals mein Motiv, als ich mich beworben hatte: Ich war 25, und gesucht wurde ein 35-jähriger Diplom-Betriebswirt, Fachrichtung Marketing, mit zehn Jahren Erfahrung als Verkaufstrainer. Und das Schöne war: Keine dieser Voraussetzungen konnte ich erfüllen«, erzählt Edgar weiter, während Ben gespannt zuhört.

Das heißt jetzt im Klartext:

- Man muss sein Thema finden und sich die Legitimation und Erlaubnis geben, dieses auszuleben.
- Als Brand wird man zum Unternehmer – zum Unternehmensgründer. Das bedeutet: in den ersten drei Jahren ganz massiv die Zähne zusammenbeißen. Das hat Auswirkungen. Diese Bereitschaft muss man mitbringen, sonst stellt man sich selbst ein Bein.
- Marke sein bedeutet: Man muss sich der Konsequenzen bewusst sein, wenn man diesen Weg gehen will.

»Trotzdem habe ich mich beworben und habe versucht, denen in meinem Brief zu erklären, dass es eigentlich keine Alternative zu mir gibt. Der Witz an der Geschichte war: Es gab 85 Bewerbungen, und die fanden mich so lustig, dass sie mich aus Spaß haben kommen lassen. Keiner dort hatte die Absicht, mich einzustellen. Die haben gesagt: Wir machen uns mal eine halbe Stunde Spaß, lasst den kommen. Und nach einer halben Stunde – der Leiter war Schwede, und ich hatte ihn an seinen besten Mann erinnert – sagte der dann: ›Kommen Sie in ein paar Jahren wieder. Sie werden mit Sicherheit in ein paar Jahren ein guter Mann sein.‹ Und dann rief mich der Leiter dieses Büros zu Hause an und sagte: ›Wir wollen Sie einstellen. Haben Sie morgen Zeit?‹ Ich wurde eingestellt, nur weil ich das Engagement oder besser gesagt die Frechheit besessen habe. Das ist vielleicht irgendwann auch mal so ein Moment, selber mal zu sagen: Ich nutze die Chance und packe mich selber beim Schopf.«

Auf Bens fragenden Gesichtsausdruck erzählt Edgar weiter. »Warum ich das gemacht habe? Ich war in einer tollen Position: Ich war Angestellter. Ich war als Angestellter eigentlich auf der sicheren Seite und hab's gemacht. Später war das das Hauptmotiv für meine Selbstständigkeit. Ich hätte die Nachfolge bei dieser Firma antreten können in ein paar Jahren. Aber ich habe in den Spiegel geguckt und habe gesagt: ›Ich möchte mir nicht mit 50 den Vorwurf machen lassen, dass ich diese Chance nicht genutzt habe.‹ Das war mein Motiv. Ich habe mir gar nicht vorgestellt, was daraus hätte entstehen können – ich habe mir nur rückwärts gesagt: ›Ich will nicht mit 50 Bilanz ziehen und sagen, es hätte ja klappen können. Du hast die Chance nur nicht genutzt.‹«

Ben kann sich seine Reaktion nicht verkneifen und lächelt verschmitzt. »Du bist schon ein bisschen wahnsinnig, oder?«

»Ein bisschen wäre zu wenig. Normal bin ich nicht. Normal kann ja jeder.« Zu dieser Feststellung über sich selbst beobachtet Edgar, wie Ben sich kichernd seine Hände in die Hosentasche steckt. Von der Gruppe Leute sind mittlerweile die beiden Männer zurückgeblieben, die immer noch zwischendurch in Bens und Edgars Richtung schauen.

»Vielleicht gehört das auch dazu. Ich habe ja dadurch auch viel bewegen können, und das ist ja auch heute noch mein Antrieb. Es sagen ja viele: Warum bleibst du nicht hier auf Mallorca? Ich kann kein Golf spielen und werd's wahrscheinlich auch nie lernen. Mir wird immer wieder erklärt, dass ich das immer falsch mache. Aber der Antrieb ist einfach da zu sagen: Was gibt es Schöneres, als etwas zu bewegen? Menschen zu helfen? Dass Menschen sich verändern, dass etwas Neues entsteht? Und solange ich atme, werde ich damit nicht aufhören«, erklärt Edgar bestimmt und führt seine Worte noch etwas weiter aus.

»Aber du hast schon recht, das ist meine Definition. Andere würden in meiner Situation vielleicht sagen: ›Es ist gut jetzt, es ist in Ordnung.‹ Aber es ist wichtig, dass man die Grundsatzentscheidung trifft, bevor alles andere gelingt. Vielleicht haben wir ja den einen oder anderen, der sagt: ›Toll, ich hab dein Buch gelesen, ich fange nicht an.‹ Aber ich hoffe, dass es möglichst viele erreicht, die sich darüber klar werden, dass in ihnen noch so viel mehr steckt. Wenn sie das rausholen – und jetzt kommt die zweite Stufe – und sich dann vermarkten … Die Amerikaner haben ja den schönen Begriff des Marketers, der Vertrieb und Marketing in sich vereint. Die Deutschen kennen das nicht, die kennen nur Vertrieb oder Marketing. Und der Marketer heißt ja in der Übersetzung: der Vermarkter. Deswegen gefällt mir der Begriff so gut. Und wenn er jetzt merkt, da ist ein ganz neues Potenzial, und das wird durch dieses Buch angestoßen, dann ist das ja schon irre viel, was wir erreicht haben.«

»Was wir natürlich auch erreicht haben: Wenn jetzt einer sagt, dass ihm das Eisen zu heiß ist, haben wir ihn natürlich auch vor einer Menge Unsinn bewahrt«, kehrt Ben den Spieß um und nickt bestimmt.

»Da bin ich mir nicht so sicher.« Edgar legt seinen Kopf zur Seite.

»Wenn ich manches vorher gewusst hätte, hätte ich's nicht getan. Ich bin so ein Typ: Ich springe vom Zehn-Meter-Brett und gucke auf dem Weg, ob da Wasser ist. Meistens klappt es. Manchmal nicht. Wäre ich zu sehr aufgeklärt worden, hätte ich nie die Entscheidungen getroffen, die mein Leben letztendlich bestimmt haben. Wenn man aber drinsteckt, macht man weiter und bohrt sich durch. Da sind vielleicht mehr oder weniger dicke Wände, aber man hat sich durchgebohrt. Das ist für mich ganz klar die Bilanz: Manches wäre gar nicht gelaufen, wenn ich zu sehr informiert gewesen wäre. Es geht schon um Inspiration und Motivation, sich darüber im Klaren zu sein, wo die Risiken sind.«

Edgar rutscht auf seinem Platz ein wenig weiter in Bens Richtung. »Ich denke aber, die Chancen überwiegen. Es muss ja nicht jeder in der Form so arbeiten: Nimmt ein Unternehmer oder Vorstand die Idee auf, dass es für ihn noch ganz andere Perspektiven gibt, ist das ja – unter durchaus abgesicherten Ansätzen – ein total spannendes Thema. Aus ihm kann im Laufe seines Lebens etwas ganz Neues werden. Mit einem Satz gesagt: Manchmal ist es also ganz gut, wenn man nicht immer über alles ausführlich Bescheid weiß.«

»Das stimmt. Aber ein Teil Realismus und Bodenhaftung sollte dennoch dabei sein«, findet Ben und hält seine Handflächen Richtung Boden. »Und es ist manchmal wohl doch nicht schlecht, wenn man auf dem Zehner steht und vor dem Sprung feststellt, dass unten kein Wasser ist.«

»Ohne jeden Zweifel. Eine ganz interessante Geschichte – weiß keiner: Ich war mal Musiker und habe Schlagzeug gespielt. Viele sagen, ich hab damals schon Krach gemacht. Wir waren immer zu viert, und ich war immer hinten. Alle drei vorne konnten genial singen und haben mir immer verboten zu singen. Ich wollte immer mitsingen. Das war ja toll, wenn man so 14, 15, 16 war – die Mädels flogen natürlich auf diejenigen, die gesungen haben. Aber ich durfte nicht. Immer wenn ich das mal versucht habe: ›Edgar, hör auf!‹ Das saß ganz tief in mir drin. Da ist übrigens ein Song im Internet, wenn man den googelt – wir haben damals eine Single aufgenommen –, ist der 12.000-mal bei YouTube. Das haben Engländer irgendwann entdeckt. Eines Tages stand ich auf der Bühne, gucke so runter, sehe da so an die 800 Leute und denke an diese Szene, dass mein Kumpel Klaus damals zu mir sagte: ›Edgar, nutz bitte nicht deine Stimme!‹ Gesungen habe ich nie, aber ich habe trotzdem meine Stimme genutzt. Das heißt, es kann auch manchmal aus einer Geschichte, die ganz anders anfängt, eine solche Erfolgsstory werden. Heute bin ich dankbar dafür, meine Stimme nutzen zu können – anders als damals geplant.«

»Schlagzeuger sind keine Musiker«, entgegnet Ben lachend.

Sie bleiben noch eine Weile sitzen und schauen aufs Meer hinaus, auf dessen Oberfläche die Sonnenstrahlen glitzern. Der Wind hat mittlerweile ein wenig zugelegt und lässt die Brandung unter ihnen lauter werden.

»Was wollen wir an einem so schönen Tag wie heute anstellen?«, fragt Edgar seinen Freund.

»Weiß nicht … mach du einen Vorschlag. Du kennst dich hier gut aus«, spielt Ben den Ball wieder zu Edgar.

Der überlegt nur kurz. »Ich hab eine Idee. Lass uns nach Andratx fahren – zum Hafen. Da können wir uns ein wenig weiter umsehen und einen Kaffee trinken gehen.«

Ben nickt zustimmend. »Okay!«

Die beiden schlendern zurück zum Hotel, um die Autoschlüssel ihres Mietwagens zu holen. Keine 20 Minuten später haben sie auch schon einen Parkplatz gefunden und laufen zum von Edgar vorgeschlagenen Café Cappuccino direkt am Hafen von Andratx, das sie schon am Abend vorher im Vorbeilaufen gesehen haben. Doch zu dieser Tageszeit ist wesentlich mehr los.

Wahrscheinlich ist es die Sonne, die trotz des frischen Winds schon so viele Menschen nach draußen lockt, denn neben den Besuchern des Cafés sind auch jede Menge Leute zu Fuß unterwegs. Als sich Edgar und Ben auf zwei Stühlen niederlassen, ist noch eine Reinigungskraft damit beschäftigt, die in der Nacht herangewehten Blätter aufzukehren. Nur kurz später erscheint auch die Bedienung, bei der sie je einen Cappuccino bestellen.

Rechts neben dem Kai zur Hafenseite sind kleine Segelboote eng aneinandergereiht und auf dem Kai selbst sind ebenfalls ein paar Spaziergänger unterwegs. Ein paar Meter vom Sitzplatz entfernt beeilen sich eine Ente und ein Erpel mit dem Überqueren der Hafenmauer, um nicht dem herannahenden Hund und dessen Herrchen zu nahe zu kommen.

Der Kaffee wird serviert, als sich eine Gruppe von vier Personen einen Tisch weiter niederlässt. Trotz des frischen Winds kann man hier gut sitzen, denn die Sonne scheint genau auf diese Seite des Cafés. Edgar und Ben nehmen beide einen Schluck von ihrem Cappuccino, als eine etwas stärkere Windböe vorbeiweht.

»Geht ja schon ein ordentlicher Wind hier«, stellt Ben fest und schließt den Reißverschluss seiner Jacke ein Stück.

»Ist halt so um die Zeit«, entgegnet Edgar. »Aber auf jeden Fall haben wir schon mal Glück mit dem Wetter.«

»Ja, grandios ... grandios!«, erwidert Ben mit einem Blick zu den Booten, die von der Sonne angestrahlt werden. »Sag mal, Person Marke ... ich habe letztens so eine Diskussion mit jemandem gehabt, der sagte: ›Produktvermarktung, Personenvermarktung, ist doch alles das Gleiche. Ob du jetzt Produkt bist oder ob du Person bist.‹ Ich habe mich schwer mit dem angelegt ...«

»Was du gerne machst.«

»Was ich gerne mache, ja ... polarisieren ...«, schmunzelt Ben und fährt fort: »Ja, was mich schon nervt bei vielen Kollegen, die so aus der Marketingecke kommen: dass alles so über einen Kamm geschoren wird: Produkte, Personen, Dienstleistungen – alles das Gleiche, funktioniert irgendwie gleich.«

»Na gut, es gibt irgendwie schon viele Parallelen, das muss man fairerweise so sagen. Viele Agenturen sind wirklich so, dass sie alles über einen Kamm scheren und sagen ›Es ist alles gleich‹, aber es gibt natürlich schon einen wesentlichen Unterschied. Der wesentliche Unterschied ist: Es geht um einen Menschen, nicht um ein Produkt. Und der Mensch hat nun einmal ganz andere Dinge im Kopf. Insofern ist der Unterschied ganz eindeutig klar: Eine Personenvermarktung, also ein Personal-Branding-Thema, ist wirklich etwas anderes, als wenn man ein Produkt oder eine Dienstleistung vermarktet. Da steht der Mensch ja wirklich im Vordergrund – das werden wir im Laufe der Zeit ja noch diskutieren, warum das so wichtig ist, sich gerade mit diesem Menschen und auch mit sich selber im Spiegel zu beschäftigen. Insofern kann man sagen: Ja, du kannst es nicht in einen Topf hineinschmeißen. Ganz im Gegenteil.«

Ben nimmt einen Schluck aus seiner Tasse und wirft ein: »Das sind schon zwei unterschiedliche Paar Schuhe. Und was ich so krass finde, gerade im Bereich Vermarktung von Personen: Es gibt ja eigentlich kaum einen Studiengang zu dem Thema, gerade auch bei den Marketingleuten. Ich wüsste von keinem.«

»Nee, nee. Wir brauchen ja gar nicht so weit gehen: Es gibt ja im Grunde genommen, jedenfalls zu diesem Zeitpunkt hier in Europa, kaum irgendetwas, nicht mal einen Studiengang. Das gesamte Thema kommt offensichtlich gerade erst langsam hoch. Was natürlich letzten Endes ein Vorteil für uns ist. Normalerweise liegt so etwas in der Luft – das ist ja das Schöne an diesem Thema. Aber dass es richtig thematisiert ist, das wird in zehn Jahren ganz anders sein, da bin ich mir hundertprozentig sicher. Aber im Augenblick ist es ja im Grunde genommen noch ein Niemandsland. Oder Neuland, vielleicht besser.«

»Ja, aber wo natürlich viele auch drangehen. Was ich merke, ist: Jeder Zweite, mit dem ich rede, erzählt irgendwelche Gruselgeschichten über die Zusammenarbeit mit Agenturen, weil sie sagen: ›Mensch, du hast irgendwie viel Geld investiert, die sollten mich zur Marke machen, aber es hat irgendwie nicht funktioniert.‹ Das Verrückte ist: Wenn du dir dann mal anguckst oder mal reinschaust, was die gemacht haben, die Klassiker – Nutzenversprechungen, sind Richtung Dienstleistungsvermarktung gegangen und, und, und. Aber das Zentrum, um das es eigentlich geht, haben sie eigentlich gar nicht berücksichtigt.«

Das heißt jetzt im Klartext:

- Das Vermarkten von Personen und Produkten wird meist über einen Kamm geschoren. Doch das ist falsch!
- Hinter Personenmarketing steht ein Mensch.
- Es gibt keinen Studiengang zum Thema Personal Branding.
- Klassische Agenturen vermarkten meist in Richtung Dienstleitung, haben aber den Kern, um den es geht, nicht berücksichtigt.

»Ja, oder den Anfang. Es gibt ja zwei wesentliche Anfänge. Das eine ist letzten Endes: Ich als Mensch, was habe ich im Kopf, welche Blockaden habe ich, welche Glaubenssätze, um nur ein paar Beispiele zu nennen. Und das Zweite ist dann: Wie ist meine Strategie denn jetzt als Person? Und oft ist es ja im Bereich der Agenturen: Das Produkt ist ja da, oder die Dienstleistung, das ist ja vorgegeben, und dann geht es um die Vermarktung. Das heißt, es fehlen ja diese beiden ganz wesentlichen Elemente. Das heißt, die fangen ja einfach erst in der dritten Ebene an. Und wenn man sich genauso verhält, als wären die ersten beiden bereits gegeben, dann muss es scheitern. Das ist der Unterschied. Vielleicht gibt es sogar noch ein paar Stufen vorher, wenn man differenzierter reingeht, wie wir uns das ja im Laufe unserer Zeit hier genauer anschauen werden. Also insofern fangen sie viel zu spät an. Und dadurch haben sie auch keine Chance. Weil dann eigentlich Reparieren angesagt ist, bevor sie überhaupt angefangen haben.«

»Ja, und ich glaube, was einer der definitiv massiven Unterschiede ist, wenn ich mir die Unterschiede zwischen Personen und Produkten angucke: Der Mensch lebt«, grinst Ben ein wenig provokant.

»Völlig korrekt. Und verändert sich ja auch. Oder seine Werte, oder seine Einstellungen verändern sich. Ich hatte ein Coaching mit einem Unternehmer«, erinnert sich Edgar. »Da waren wir ganz schnell dabei, dass er eine Superchance hätte, ein Produkt zu vermarkten. Für das er sogar ein Patent besitzt. Das Spannende war nur: Fünf Minuten später sagte er: ›Das will ich aber nicht. Ich möchte als Mensch etwas anderes tun.‹ Das war total phänomenal. Ich habe schon wieder die Millionen gesehen, was da alles drinstecken würde, und er sagt: ›Tut mir leid, das hat im Augenblick nicht mehr die Priorität. Ich möchte etwas ganz anderes machen.‹ Und da konnten wir alles wieder auf null setzen, und ich konnte mich mit ihm als Mensch beschäftigen. Total spannend.«

»Ich glaube, das ist es: Dass der Mensch oder die Person an sich der Kern dieser Marke ist, wenn wir über Markenidentität dann sicherlich noch mal reden – das ist einfach eine Sache, die beweglich und kein Dogma ist. Also du installierst nicht irgendwas, und dann ist das da auf Teufel komm raus bis zum Ende aller Tage so. Sondern ich glaube, das ist auch einfach eine Geschichte, die wechseln kann und sich auch entwickeln kann, auch in unterschiedlichste Richtungen.«

»Ja, weil eben der Mensch – Gott sei's gedankt – nicht wie ein Produkt gleich läuft«, findet Edgar und greift nach seiner Tasse. »Auf der anderen Seite ist es aber dann auch sehr wichtig, dass man immer wieder in den Spiegel schaut und sich die Fragen stellt: Was will ich wirklich? Will ich das alles so? Und ganz entscheidend ist, dass man sich selber in der Strategie treu bleibt, auch ein ganz wichtiger Aspekt. Wenn du Biene Maja spielst, wie ich so schön sage – denn der Mensch verändert sich, also könnt ihr heute die Idee haben, morgen die Idee –, ist das ja auch superkritisch. Also das ist schon eine komplett andere Art der Vermarktung, wenn es um Menschen geht, wenn es um Personen geht, als wenn es um Produkte und Dienstleistungen geht. Erst in der dritten, vierten Ebene kommen Vermarktungsaspekte, bei denen es Parallelen gibt. Aber der Anfang ist ein komplett anderer. Wer das ignoriert – und ich glaube, das tun die meisten –, hat von Anfang an keine Chance. Und deswegen gibt es die Enttäuschten, die dann zu uns kommen und sagen: ›Ich bin wie ein Produkt behandelt worden.‹«

»Und ich glaube, an der Stelle passieren schon viele Missverständnisse«, wirft Ben seine Erfahrung ein. »Alleine schon aus dem Grund heraus, dass viele der Dienstleister im Agenturgeschäft mit dem ›Ich muss den Menschen betrachten und muss tiefer gehen‹ – also schon fast tiefenpsychologisch unterwegs sein – eigentlich überfordert sind. Weil das ja nicht ihre Kompetenz ist.«

Das sieht auch Edgar so. »Die haben ja nicht einmal eine Ausbildung gehabt.«

»Nö!«

»Woher sollen sie wissen, was Glaubenssätze sind, woher sollen sie wissen, was all diese Dinge sind? Das ist ja nie ihr Thema gewesen. Und insofern können sie auch gar nicht darin einsteigen. Da gehen sie gar nicht dran. Ich glaube auch, dass das so eine Barriere ist, wenn man sagt: ›Auf dem Gebiet haben wir keine Kompetenzen, da gehen wir gar nicht drauf zu.‹ Was aber entscheidend ist. Was nützt es, wenn du einen Menschen wie ein Produkt betrachtest, wie ein Produkt vermarktest, aber den ganzen Anfang, den Kern, das, was er im Kopf hat, was die Gedanken sind, was das Mindset ist, wie man so schön neudeutsch sagt, komplett ignorierst?«

»Vor allem, was ich verrückt finde: Wie viele unterschiedliche Branchen und Dienstleistungen es gibt, wie viele Branchen und Gruppen es gibt, wo eigentlich das Thema Person so massiv im Zentrum ist. Das ist supervielen überhaupt nicht bewusst. Ich sage mal so Beispiele wie Anwälte, Steuerberater oder Fachärzte«, entgegnet Ben und greift nach seinem Kaffee, um einen Schluck davon zu nehmen.

Dazu fällt Edgar ein Beispiel ein. »Mich rief vor Kurzem ein ehemaliger Geschäftsführer an, der sagte: ›Ich möchte jetzt zu einem Profi-Aufsichtsrat werden, oder ein Profi-Beirat.‹ Das ist eine Zielgruppe, an die ich noch gar nicht gedacht habe. Also Profis, die zwar im aktiven Leben mit ihrem Job draußen sind, aber trotzdem nicht aufhören wollen. Und die Frage war: ›Wie können Sie mir helfen, mich zu vermarkten?‹ Weil er sich dann natürlich auch vermarkten muss.«

»Ja klar!«

»Also ich glaube, da kommen jeden Tag neue Zielgruppen hinzu: Ärzte, Steuerberater, Anwälte, und klar … die klassische Zielgruppe der Trainer. Ich behaupte: Es gibt eine ganze Menge an Zielgruppen. Ich glaube, an die denken wir gerade überhaupt noch nicht.«

»Architekten zum Beispiel«, wirft Ben ein.

»Ja, super! Alle, die über ihr personenbezogenes Geschäft – und das ist ja zum Beispiel auch ein Architekt – ihr Potenzial erheblich steigern können. Das sind die Kandidaten. Und da kannst du eine relativ lange Liste Stück für Stück weiter aufbauen.«

»Also ich gehe manchmal sogar noch brutaler vor und sage: All die Leute, wo eigentlich die Expertise oder die Dienstleitung, wenn's um den Entscheidungsprozess beim Kunden geht, nicht im Vordergrund stehen. Ich sage mal: Ich habe einen absoluten Stress, zum Zahnarzt zu gehen. Zahnarzt ist für mich Hölle.«

»Da habe ich übrigens einen sehr guten. Den haben wir gerade nach vorne gebracht«, lacht Edgar.

Darauf muss auch Ben lachen. »Sehr schön! Aber warum entscheide ich mich, zum Zahnarzt B und nicht zum Zahnarzt A zu gehen? Das hat nichts damit zu tun, dass der besser bohren kann oder so, sondern es stellt sich die Frage, wem ich mehr vertraue. Wobei ich meinem Zahnarzt immer sage: ›Pass auf, wenn du mir heute wehtust, hau ich dir eine rein.‹ Der kann damit umgehen.«

»Wie oft ist das schon passiert? Oder hat er gesagt: ›Der Nächste bitte!?‹«

»Nee, aber was ich meine: Ich glaube, dass es superviele Sachen gibt … Ich sage mal so Sachen wie Versicherungsmakler.«

»Übrigens eine hoch spannende, gerade sehr aktuelle Klientel. Weil die Versicherungsbranche gerade dramatisch im Umbruch ist. Da bleibt kein Stein auf dem anderen. Du weißt ja, ich habe ja sehr starke Wurzeln in der Finanzdienstleistung. Wirklich ein Superstichwort. Und da ist ein dramatisches Umdenken angesagt. Die Bestandsprovision, die eigentlich immer die Grundlage gewesen ist, sodass man im Grunde genommen alles so laufen lassen konnte, ist quasi weg. Oder uninteressant geworden. Und jetzt müssen sich Versicherungsmakler – wunderschönes Beispiel – als Personen vermarkten. Komplett richtig. Deswegen: Es kommen immer wieder neue hinzu.

Das heißt jetzt im Klartext:

- Viele Dienstleister im Agenturgeschäft sind mit der Betrachtung des Menschen überfordert, denn dazu sind schon Ansätze der Tiefenpsychologie gefragt.
- Wer Menschen vermarktet, muss ebenso deren Mindset berücksichtigen.
- Mit Personal Branding kann jeder sein Potenzial steigern, der sich mit seiner Expertise oder Dienstleistung im Markt einen Namen machen möchte.
- Personal Branding ist ideal für zum Beispiel Ärzte, Steuerberater, Anwälte, Architekten, Ingenieure, Heilpraktiker, Makler, Weiterbildner …

»Ganz klar«, findet auch Ben. »Plötzlich merkt man, dass man die noch gar nicht auf dem Schirm hatte. Aber – ganz klar – auch beim Versicherungsmakler spielt ja das Vertrauen eine Rolle. Du weißt ja nicht, was in die Zukunft gedacht, in zehn, 15 Jahren passieren wird. Da gehe ich zu Menschen hin – genau wie beim Arzt –, denen ich vertraue. Die einen Namen haben. Die eine Marke sind. Das heißt: In dem Moment, in dem ich weiß, ich kann vertrauensvoll zu so einem Makler gehen, hat er natürlich eine automatische Anziehungskraft. Allerdings muss der erst lernen, sich zu vermarkten. Das hat er wahrscheinlich bisher noch nie getan.«

»Er hat vielleicht Verkaufen gelernt, aber ich behaupte mal frech: Irgendwann hat er Verkaufen auch wieder verlernt. Weil es bei den meisten mit der Bestandsprovision irgendwann so gut läuft, dass sie sagen: ›Na ja, wenn sich mal einer zu mir hinbewegt, ist das schön.‹ Und das hat sich alles geändert. Und das ist ein dramatischer Bewusstseinsbildungsprozess, dass man sagt: Nein, ich muss jetzt professionellstes Personal Branding als Versicherungsmakler machen. Eine schöne Brücke übrigens.«

Das Café füllt sich mittlerweile auffallend schnell und an einem der Nachbartische lässt sich eine Gruppe deutscher Touristen nieder. Zwei davon positionieren sich so, dass sie das Gespräch von Edgar und Ben gut mitverfolgen können.

»Und was du von vielen hörst: ›Wenn ich mit einem Kunden und Klienten zusammensitze und sitze dem vis-à-vis gegenüber und habe …‹, und das Interessante ist, Klammer auf, ›die Chance, als Person zu wirken‹, Klammer zu, ›tüte ich das Ding ein‹.«

»Ja, richtig«, antwortet Edgar. »Wenn du noch mal beim Versicherungsmakler bleibst, dann sind ja auch viele heute so weit, dass sie kurz vorm Generationswechsel stehen. Also auch da geht es darum: Was will ich wirklich? Was sind meine Ziele? Was habe ich denn wirklich vor? Da kommt wieder die gesamte Wertschöpfungskette zum Tragen bei diesem Thema. Deswegen: Jeden Tag wird es Personen, Menschen in Branchen geben, die auf einmal umdenken müssen, und zwar massiv. Und sich selbst plötzlich in den Mittelpunkt einer Strategie stellen müssen, ob sie wollen oder nicht.«

»Was mir noch einfällt bei dem Thema: Anwälte zum Beispiel«, erinnert sich Ben. »Wenn ich mir angucke, wie Anwälte sich heute verkaufen, oder du gehst mal auf die Website eines Anwalts: Voll mit Paragrafen und irgendwelchem Zeug, und, und, und. Und ich weiß das von mir, als ich damals durch meine Trennung und Scheidung durchgegangen bin, mit wie vielen emotionalen Sachen das zu tun hatte und dass ich keinen Bock hatte auf diesen Paragrafenblödsinn und eigentlich nur auf der Suche war nach jemandem, der mich in dem Moment verstanden hat.«

»Schönes Beispiel übrigens«, nickt Edgar seinem Freund zu.

»Das war nicht aufgrund der fachlichen Kompetenz, dass ich mich für den oder die entschieden habe. Ich habe mir damals eine Frau gewählt, mit der ich dann unterwegs war, weil ich einfach das Gefühl hatte: Die versteht mich und die ist genau die Richtige, die nachvollziehen kann, wie es mir in dem Set gerade geht, und mich da abholt.«

Edgar untermauert das noch weiter. »Aber stell dir mal das Potenzial vor: der Steuerberater, der Anwalt, der Wirtschaftsprüfer. Im Grunde genommen sagst du ja nichts anderes, als dass du die Fachkompetenz als gegeben voraussetzt. Danach kann man sich ja mit Fachreferenzen erkundigen. Aber ich will ja als Mensch akzeptiert werden. Als Klient will ich mit meinen persönlichen Dingen, die mir gerade im Kopf rumgehen, einen Gesprächspartner haben, der auf Augenhöhe ist. Wenn man sich das überlegt, was das für ein Potenzial wäre, wenn man sich das einmal anschaut. Deswegen: Es sind Hunderttausende. Alleine in Deutschland reden wir von 3,5 Millionen Firmen, das sind Hunderttausende von Selbstständigen, Freiberuflern und Unternehmern, dann kommen noch die Künstler hinzu, also das ist eine riesige Zielgruppe.«

»Ja, das ist ein weites Feld. Und ich glaube, vielen ist es nicht bewusst, wie elementar es ist, sich als Person zu verkaufen. Als Person Marke zu werden.«

»Nehmen wir mal das schöne Beispiel von dir mit dem Versicherungsmakler: Die sind wirklich gerade in einem dramatischen Umbruch – es wird ihnen alles weggerissen, was jahrzehntelang gegolten hat. Und man würde ihn damit konfrontieren und sagen: ›Ja klar, du musst dich jetzt als Marke verkaufen‹, der würde vermutlich glauben, wir hätten nicht alle Tassen im Schrank. Weil das so weit weg ist von dem, wie er bisher gedacht hat, dass er sich das gar nicht vorstellen kann. Aber in Konsequenz zu Ende gedacht, bleibt gar nichts anderes übrig.«

Das heißt jetzt im Klartext:

- Kunden suchen sich einen Dienstleister nicht allein aufgrund dessen Expertise, sondern auch, weil sie ihm vertrauen. Dadurch entsteht automatisch eine Anziehungskraft.
- Der Kunde will abgeholt und als Mensch akzeptiert werden.
- Damit wird das meiste, was für einen Dienstleister bisher gegolten hat, über den Haufen geworfen.

»Tja, ein Riesenfeld«, entgegnet Ben und zieht seine Augenbrauen hoch. »Dann würde ich sagen: Auf zum Sensibilisieren!«

»Nee, auf zum Aufzeigen von Chancen!« Edgar macht eine kurze Pause. »Ich habe jetzt irgendwo so ein Video gesehen, das war ganz spannend ... also, ich habe nicht das Video selbst gesehen, sondern nur die Ankündigung auf Facebook, von Tony Robbins: Change your story, change your life. Da habe ich nur so gedacht: Jo ... schön auf den Punkt gebracht. Ehrlich gesagt, ich hätte es ein bisschen anders gesagt: Change your mind, change your life. Aber ... er ist halt viel größer als wir.«

»Noch«, lacht Ben.

»Wahrscheinlich dauerhaft«, schließt Edgar ebenfalls lachend.

Kapitel 2

Die Person als Marke

Sie entschließen sich, an diesem Tag mit dem Wagen weiterzufahren. Obwohl ihr Hotel alles andere als in einer typischen Touristenhochburg liegt und der Ausblick aufs Meer wirklich atemberaubend ist, bietet die Insel doch jede Menge malerische Landschaft, die nur darauf wartet, erkundet zu werden.

Der Himmel hat sich mittlerweile ein wenig zugezogen und der Wind hat aufgefrischt. Doch ist die Temperatur angenehm mild und geradezu ideal für einen kleinen Ausflug ins Landesinnere. Edgar hat Ben versprochen, ihm ein bisschen die Insel zu zeigen. Mallorca bietet so viel Eindrucksvolles, was ihnen beiden sicherlich nicht nur gefallen, sondern auch guttun wird, findet Edgar. Sie gehen zum Wagen zurück und Ben setzt sich, ohne zu fragen, hinters Steuer. Kein Problem für Edgar, der sich gerne auch einmal chauffieren lässt. Ansonsten ist er nämlich immer derjenige, der in seinen freien Tagen hier den Wagen steuert, und so hat er die Möglichkeit, mehr von der Insel zu sehen.

Ohne festes Ziel machen sie sich auf gen Norden. Die Straße führt sie erst an Grundstücken vorbei, dann durch Waldstücke und immer wieder passieren sie einzelne Häuser, die von kleinen Häuschen bis zu etwas weiter von der Straße entfernten großzügigen Fincas variieren. Schließlich sehen sie schwarze Flecken von Ferne. Als sie näher kommen, entpuppen sie sich als verbrannte Baumbestände, von denen jeder einzelne Stamm wie der Teil einer Mondlandschaft wirkt. Kahl und trostlos säumen sie ganze Flächen, die zwischendurch wieder von lebender Vegetation unterbrochen sind.

»Das ist von dieser verheerenden Trockenheit im letzten Jahr, als hier die großen Brände gewütet haben«, erzählt Edgar und denkt mit Grauen an das Inferno zurück. »Richtung Küste ist es noch schlimmer«, ergänzt er und deutet nach Westen.

Die Szenerie ändert sich und sie kommen immer wieder an blühenden Mandelbäumen und Früchte tragenden Orangen- und Zitronenbäumen vorbei. Als sie an einer Mandelbaumplantage vorbeifahren, bittet Edgar Ben, den Wagen anzuhalten.

»Hier muss ich mal raus … das sieht man nicht alle Tage. Ist das nicht herrlich?«

Ben lenkt an die Straßenseite und schaut beeindruckt auf die rosa Blütenpracht, während Edgar aussteigt und erst einmal diesen Anblick sprichwörtlich aufsaugt, bevor er eine gute Position fürs Fotografieren sucht.

Nach kurzem Zögern steigt auch Ben aus und gesellt sich zu seinem Freund. »Wahnsinn. Und das im Februar!«

»Weißt du was?« Edgar hat eine Idee. »Lass uns nach Deià fahren. Da war ich bisher selbst erst einmal und würde dir gerne was zeigen.«

»Klar!« Ben ist für alles offen und dass sie sich hier ein wenig umschauen, findet er gut. Er hatte vorher schon so viel über Mallorca gehört. Jetzt kann er sich selbst ein gutes Bild über der Deutschen liebste Urlaubsinsel machen. »Dann los!«

Die Straße nach Deià schlängelt sich durch eine malerische Landschaft mit viel Wald. Auf dem Weg dorthin erzählt Edgar ein wenig über dieses Künstlerdorf Mallorcas, wie es heute genannt wird, denn es war für viele Musiker, Schriftsteller oder auch Maler wie zum Beispiel Picasso ein Ort der Inspiration. Auch viele Schauspieler sind dort gewesen.

Je näher sie Deià kommen, desto mehr Wolken bedecken den Himmel. Als sie in den Ort hineinfahren, setzt leichter Nieselregen ein. An diesem frühen Nachmittag sind schon recht viele Leute unterwegs und die meisten davon scheinen Touristen zu sein.

»Hier kommen wir jetzt langsam ins Zentrum. Da gibt's einiges an Souvenirläden und ganz netten Cafés. Wollen wir einen Parkplatz suchen und uns dort ein wenig umschauen?«, fragt Edgar.

»Gibt's hier auch ruhigere Ecken, wo nicht so viele Leute unterwegs sind?«

Edgar überlegt kurz, nickt und deutet Ben an, die Straße ein Stück weiterzufahren. In einer kleinen Seitengasse bleiben sie stehen.

»Lass uns da rübergehen.« Auf der gegenüberliegenden Straßenseite führt ein schmaler Weg um die Ecke eines Hauses. Ben lässt seinen Blick weiter nach oben wandern und sieht die Spitze eines Kirchturms. »Da rauf?«

»Von der Kapelle da oben hat man einen gigantischen Ausblick in alle Richtungen«, schwärmt Edgar und zeigt mit einer ausladenden Armbewegung auf das Umland. Hier unten kann man nur erahnen, was sich ihnen oben gleich bieten wird.

Der Anstieg ist etwas mühsam, denn der Weg scheint sich länger zu ziehen, als von unten angenommen, und recht steil ist er außerdem. Linker Hand ist das gegenüberliegende Felsmassiv mit den hineingebauten Häusern immer besser zu sehen. Sie passieren einen recht großzügigen freien Platz zur Linken, auf dem eine antike Kanone platziert ist.

»Da gehen wir nachher auch noch mal hin.« Sie steuern auf die Kirche zu. Am höchsten Punkt liegt ein kleiner, sehr gepflegt anmutender Friedhof. Der Torbogen lädt die beiden zum Eintreten ein.

Die Grabmäler sind kleiner als die in Deutschland üblichen und auch bunter angelegt. Viele der Grabsteine sind mit Bildern der Verstorbenen sowie Sprüchen und liebevoll gestaltetem Blumenschmuck versehen. Neben einem der Gräber am Rand ist eine Frau gerade damit beschäftigt, Verblühtes aus einer Tonschale zu zupfen.

Edgar und Ben gehen langsam an den ersten Gräbern vorbei und bleiben ziemlich mittig zur Anlage stehen. Trotz der Umgrenzung haben sie von hier aus einen weit reichenden Blick auf die Berge auf der einen Seite und auf das Meer auf der anderen Seite. Über dem Meer kreischen Möwen. Der Wind ist mittlerweile stärker geworden und es ist nicht mehr so mild wie bei der Abfahrt am Hotel vor etwa zwei Stunden.

»Der Regen wird stärker – auch nicht schlecht.« Ben rümpft seine Nase und schaut Edgar an.

»Nur die Harten kommen in den Garten.«

Ben lacht über diesen für seinen Freund typischen Kommentar. Nach einer kurzen Pause spricht er aus, was ihm seit der Unterhaltung mit Edgar ein paar Stunden zuvor am Strand nicht mehr aus dem Kopf geht. »Irgendwie lässt mich unser Gespräch von heute Morgen nicht mehr los. Lass uns das doch gerade mal weiterdenken …«

»Klar, gerne«, stimmt Edgar zu und Ben fährt fort.

»Ich finde, dass so ein Friedhof – besonders wenn es um die Frage der Identität geht: Was bin ich? Was macht mich aus? – eigentlich ganz passend ist. Ich habe gerade gehört: In den USA hat einer einen Sarg ins Seminar mitgebracht. Die Teilnehmer mussten ihre eigenen Grabreden schreiben, sich in den Sarg legen und zuhören, wie die Reden vorgetragen wurden. Eine makabre Nummer.« Im Hintergrund setzt eine Kreissäge ein. Sie drehen sich Richtung Wohngebiet hinter ihnen um, wo sichtlich gerade viel Erde bewegt wird und vereinzelt Häuser im Bau sind. Dort scheinen noch weitere Häuser vorgesehen zu sein.

Edgar wendet sich wieder Ben zu. »Das haben die Leute schon vor 25 Jahren getan – mit dem Sarg auf die Bühne. Da steckt natürlich eine ganz klare Botschaft drin: Was habe ich der Welt hinterlassen, wenn ich mal nicht mehr bin? Oder gibt es zwischen Geburts- und Todestag nur einen Strich? Habe ich einen Nachlass, oder habe ich nur viel Geld verdient und Erfolg gehabt? Habe ich auch etwas für Menschen tun können? Wir müssen auch Nutzen für andere schaffen. Die Frage ›Was wird sein, wenn ich nicht mehr da bin?‹, schiebt jeder von sich weg, bis zur letzten Minute, weil man immer auf das ewige Leben hofft. Hier stellt sich die Sinnfrage.«

Ben nickt zustimmend und vergräbt seine Hände in den Hosentaschen, während Edgar fortfährt.

»Ich sage jetzt mal ganz provokant: Viele Menschen finden eigentlich keinen Sinn mehr. Die sind erfolgreich, aber wenn man mal nachbohrt, stellt man fest, dass sie gar nicht mehr wissen, warum sie morgens aufstehen sollten.«

Eine Feststellung, die Ben nur allzu gut kennt. »Das ist übrigens eine meiner Kernfragen, wenn wir über Markenarbeit reden: ›Sag mir mal, was motiviert dich eigentlich, dich morgens aus dem Bett zu pellen, und was hast du selber davon?‹«

»Und das hat nichts mit Geld zu tun. Ich habe das vor einigen Jahren mal selber erlebt, unten in Puerto Portals beim Frühstück.« Edgar zeigt Richtung Palma im Süden.

»Da saßen zwei Leute, denen konnte man ansehen, dass sie sehr reich waren. Da sagte der eine zum anderen: ›Wollen wir Tennis oder Golf spielen?‹, und bekam zur Antwort: ›Ist mir egal.‹ – ›Mir auch, such dir was aus.‹ Als ich diesen Dialog hörte, wurde mir klar, wie sinnlos das Leben dieser beiden sein muss. Und mir war klar: Sollte ich mich jemals an dem Punkt wiederfinden, würde ich alles wegschmeißen und was Neues anfangen, damit mein Leben wieder einen Sinn hat.«

Ben führt Edgars Worte etwas weiter aus und vergräbt seine Hände tiefer in den Hosentaschen, während der Regen etwas stärker wird. »Wenn ich etwas sinnvoll oder sinnlos finde, rede ich ja über meine eigenen Bedürfnisse. Und ich glaube, viele sind sich gar nicht im Klaren, was eigentlich ihre Bedürfnisse sind. Was sie brauchen. Warum mache ich diesen Job, spiele diese Rolle, bin diese Marke? Was habe ich selber davon? Und vor allem: Welchen Zweck verfolge ich eigentlich mit dem Ganzen?«

»Da bin ich nicht ganz deiner Ansicht.« Edgar schaut Ben leicht schräg an. »Hinsichtlich von Vermächtnis und Sinnfrage geht es nicht darum, was der Sinn für mich ist, sondern darum, was ich für andere geschaffen habe, wo ich anderen geholfen habe.«

»Aber ist das nicht der Zweck, meine Daseinsberechtigung?«, fragt Ben mit hochgezogener Augenbraue und zieht sich die Kapuze seines Hoodies über. »Wir sagen doch immer: Der Sinn und Zweck meiner Tätigkeit ist … Aber das sind ja eigentlich zwei Paar Schuhe.«

»Du musst ja erst einmal einen eigenen Antrieb haben, aber auch eine Möglichkeit, Nutzen zu stiften. Hast du die Möglichkeit, Menschen glücklicher zu machen, dann hast du etwas hinterlassen. Das ist jedenfalls meine Definition«, erklärt Edgar seine Sichtweise genauer. »Und das halte ich für die wichtigste Sinnfrage. Sinn ist nicht, Geld zu verdienen oder Erfolg zu haben. Das sind alles Dinge, die irgendwann keine Bedeutung mehr haben. Wir haben ja bereits über den Preis gesprochen, den man zahlen muss. Die Motivation zu sagen: Ich kann etwas bewegen, was andere nicht bewegen können, und kann damit in den Köpfen der Menschen etwas schaffen, ist etwas ganz Spannendes. Mein ewiges Beispiel Steve Jobs: Durch seine Motivation hat er die ganze Welt verändert.«

Jetzt steht Ben Edgar direkt gegenüber und schaut ihn tiefgründig an. »Ich glaube, eine Kernfrage der Identität ist: Wenn wir die Aufmerksamkeit mal auf den Sinn und die Daseinsberechtigung meiner eigenen Person richten – gerade wenn wir es auf das Thema Marke übertragen –, hat das natürlich auch massiv damit zu tun, welche eigenen Bedürfnisse ich mit meiner Tätigkeit erfülle.« Er geht einen kleinen Schritt zurück und gestikuliert. »Ein Beispiel: Es gibt Leute, die sind extrem aufopfernd. Ich will's jetzt nicht Helfersyndrom nennen, aber die haben etwas davon, sich aufzuopfern. Sie stillen ihre eigenen Bedürfnisse, indem sie anderen helfen. Im Rahmen meiner Arbeit merke ich oft, dass das vielen gar nicht bewusst ist: Welche Bedürfnisse stille ich selber mit meiner Arbeit und was gebe ich der Welt zurück?«

Das heißt jetzt im Klartext:

- Viele Menschen wissen gar nicht, was sie brauchen, damit es ihnen gut geht.
- Eine Kernfrage der Identität ist: Welche eigenen Bedürfnisse erfülle ich mit meiner Identität?
- Weißt du, wofür du morgens aufstehst?
- Den meisten Menschen ist es gar nicht bewusst, welche Bedürfnisse sie mit ihrer Arbeit stillen und was sie der Welt zurückgeben.

»Ich habe da ein sehr dramatisches Beispiel«, fällt Edgar ein besonderes Erlebnis ein. »Ich wurde in Frankfurt von einer jungen Frau abgeholt, und wir mussten bis Schweinfurt anderthalb Stunden fahren. Ich merkte, dass irgendwas in der Luft lag. Irgendwas stimmte nicht. Nach dem ersten Geplänkel habe ich also gefragt, ob irgendetwas los ist. Die Antwort: Ihr Sohn war in der Woche zuvor gestorben. Das war einer der schlimmsten Momente in meiner ganzen Laufbahn. Mir standen noch gut anderthalb Stunden gemeinsame Fahrt bevor und ich ärgerte mich total, dass ich diese Frage gestellt hatte. Aber raus konnte ich auch nicht mehr aus der Situation.« Edgar erinnert sich, als wäre es gestern gewesen.

»Also stellte ich die Frage: ›Wer ist eigentlich der wichtigste Mensch in Ihrem Leben?‹ Die Antwort kam wie aus der Pistole: ›War. Mein Sohn.‹«

Betretenes Schweigen.

»Ich wusste, dass das kommen würde. Also habe ich die Zeit genutzt, mit ihr darüber zu reden: Sinnfrage, Chancen, sich selbst akzeptieren. Ich habe wohl mehr auf sie eingeredet, weil es mir wichtig war, ihr eine Perspektive aufzuzeigen: ›Akzeptieren Sie sich bitte selbst für den Rest Ihres Lebens.‹«

Ben versteht.

»Wir haben uns aus den Augen verloren, aber ein Jahr später habe ich Feedback bekommen: Sie hatte die Stadt gewechselt, einen neuen Freund – und war wieder schwanger. Der Kern aber war, dass sie sich damals selbst nicht im Klaren war, dass sie die Quelle für alles ist, was in ihrem Leben passiert. Das macht den Unterschied aus. Wenn ich mich selber akzeptiere, ist es wichtig, dass ich der Menschheit auch einen Nutzen gebe. Egal, welchen Job ich habe, ich muss mich fragen: Wie akzeptiere ich mich und was kann ich für andere tun?«

»Was auch dazugehört: Wenn ich meine Marke kreiere und einen Sinn für mich definiert habe, ist der nächste Punkt, in welchem Auftrag, in welcher Mission ich eigentlich unterwegs bin.« Ben nimmt sich die Brille kurz ab, um die Regentropfen abzuwischen. Die Frau am Grab hat ihre Sachen zusammengepackt und verschwindet langsam durch das Ausgangstor, während die Glocke im Turm einmal schlägt. Ein junges Paar – die Kapuzen ihrer Regenjacken tief ins Gesicht gezogen – läuft in der Gräberreihe hinter den beiden vorbei Richtung Kapelleneingang. Edgar schaut ihnen nach und beugt sich mit hochgezogenen Augenbrauen leicht nach vorne.

»Dazu zählt auch die eigene Strategie: festzulegen, was ich wirklich bewegen will. Auch das Auseinandersetzen mit dem, was in fünf oder zehn Jahren sein wird. Es ist immer wieder erstaunlich: Wenn man die Leute fragt, was sie morgen machen, haben die meisten eine Antwort. Aber bei größeren zeitlichen Distanzen ist bei ganz vielen Schluss. Dabei merkt man ja – wir sind am richtigen Ort dafür –, wie schnell zehn Jahre vorbei sein können. Man muss sich darüber im Klaren sein, welche Strategie man verfolgt. Wie kann ich eine Konstante schaffen, um diesen Nutzen in die Köpfe meiner Kunden zu transportieren?«

»Die meisten Menschen, die als Marke rausgehen, haben das strategische Denken einer Bockwurst. Wenn du sie nach ihrer Strategie fragst, ob sie eher ein Ratgeber sein wollen oder ein Experte …«, fügt Ben ein. Der Dialog geht jetzt schnell hin und her.

»Experte vermutlich, oder?«, schätzt Edgar ein. »Hört sich ja gut an, passt immer. Viele benutzen den Begriff ›Verhandlungsstrategie‹, und das ist ja im Kern falsch. Eine Strategie ist laut Definition eine langfristige Orientierung an einem Ziel mit einem dazugehörigen Plan. Aber das sollten mindestens fünf Jahre sein, am besten 50 oder 100. Was wäre das für eine Strategie, die in 100 Jahren noch Gültigkeit hat? Das Einzige, worauf man in 150 Jahren noch setzen kann, sind Menschen. Deshalb sind ja auch die meisten Produktstrategien im Ansatz falsch, weil Produkte kommen und gehen.«

»Weißt du, wann die meisten Leute Strategien endlich anpacken?«, fragt Ben und zeigt zum Glockenturm. »Wenn es fünf vor zwölf ist. Oder zwei Minuten nach zwölf. Wenn die Glocke geschlagen hat, merkt man plötzlich, dass Handlungsbedarf besteht.«

»Das ist dann gut geplant, ja. Oder vielmehr überhaupt nicht geplant. Das ist ja auch meine Bilanz, mein Arbeitsschwerpunkt: das Bewusstsein für die Entwicklung von Personen- und Unternehmensstrategien überhaupt erst zu schaffen. Ich sag mal ganz brutal: Auch die meisten Unternehmen haben heutzutage keine Strategie. Die haben zwar Finanzstrategien, aber dass man sich dort wirklich mal hinsetzt und fragt: Wo werden wir in fünf bis zehn Jahren stehen? – phänomenal, wie selten das geschieht. Strategie ist ja für mich die Grundlage, auf der alles andere aufbaut.« Die Glocke läutet zum zweiten Mal. Edgar geht einen Schritt zur Seite und schüttelt den Kopf.

»Das Thema Strategie hängt ja auch mit der Identität zusammen. Wenn wir über Markenstrategie sprechen, dann sprechen wir ja nicht nur über Handwerkszeug, sondern über ein ganz elementares Thema: Was macht mich als Person aus und was ist eigentlich meine Personenstrategie?«

»Du kannst ja nur eine Strategie haben, die auf deinen Fähigkeiten und Intentionen beruht«, erwidert Edgar. »Ich könnte zum Beispiel sagen: Meine Strategie ist, Steve Jobs II zu werden. Eine schöne Strategie, aber nicht umzusetzen, weil ich die dazu nötigen Fähigkeiten nicht mitbringe. Eine persönliche Strategie kann also nur die eigenen Stärken zur Grundlage haben, die eigenen Fähigkeiten ...«

» ... und Motive ...«, ergänzt Ben.

»Die eigenen Motive. Daher ist es wichtig zu sagen: Es wäre schön, aber ich werde es nicht können, weil mir die Grundlagen fehlen. Dann nützt es ja nichts, davon zu träumen. Einer der reichsten Männer Deutschlands – ein Düsseldorfer – hat als Verkaufstrainer angefangen und eine Verkaufsberatung aufgebaut, obwohl er vollkommen introvertiert ist. Er würde niemals eine Bühne betreten. Aber er hat sein Naturell genutzt, um aufzubauen, was er heute vorzuweisen hat. Davor ziehe ich den Hut.«

Als totaler Kontrast zum Gesagten dringt das dröhnende Knattern eines Motorrads an die beiden heran, das am gegenüberliegenden Hang entlangfährt.

»Auch wieder die Frage, was für mich und meine Identität artgerecht ist. Höhenflüge sind schön und gut, aber gerade dieser Ort ist gut geeignet, einen wieder auf den Boden der Tatsachen zurückzubringen, zurück zum Ursprung«, findet Ben.

»Ich habe das bei meiner Oma erlebt«, erzählt Edgar und beobachtet einen Besucher der Stätte, der von außen über die Friedhofsmauer lugt, sodass sein Gesicht nur ab knapp oberhalb der Nase zu erkennen ist.

»Wenn diese Zeit kommt, stellt sich die Frage, ob ich mein Leben wirklich gelebt habe. Sie gehörte zu der Generation, die den Ersten und Zweiten Weltkrieg erlebt hat. Ich finde ja, wir haben ein Riesenglück, dass wir so etwas nie erleben mussten. Sie sagte quasi auf dem Sterbebett: ›Denke immer darüber nach, ob du dein Leben so gelebt hast, dass es deinen Vorstellungen entspricht.‹ Wenn ich immer weiter fortschreite, kann ich dann in den Spiegel schauen und mich selber akzeptieren? Habe ich anderen Menschen etwas gegeben? Bin ich mit mir im Einklang? Wir bewundern immer die Fähigkeiten der anderen. Der Düsseldorfer Unternehmer, den ich erwähnt habe, findet es toll, wie gut ich reden kann, weil er weiß, dass er es nicht kann. Aber das spielt keine Rolle, weil der Erfolg immer in einem selbst liegt – und was ich hinterlasse, wenn der Tag kommt.«

Das heißt jetzt im Klartext:

- Wer sich selbst akzeptiert, kann auch anderen einen Nutzen bringen.
- Wird der Mensch als Marke kreiert, entstehen die Fragen: In welchem Auftrag, in welcher Mission bin ich eigentlich unterwegs? Was will ich bewegen?
- Eine Strategie packen die meisten erst dann an, wenn es bereits fünf vor zwölf ist.
- Der Erfolg liegt immer in einem selbst und in dem, was man hinterlässt, wenn der Tag kommt, an dem das eigene Leben endet.

Ben wirft einen Blick auf den Grabstein schräg vor sich, der sich reich geschmückt, aber ohne Bild des Verstorbenen präsentiert. »Die Frage der Hinterlassenschaft, dieses Thema, was in 50 Jahren Kunden und Freunde über mich sagen, was will ich da hören – das ist schon eine spannende Thematik. Wenn ich diese Frage in Sparrings stelle, ist meist erst mal Ruhe. Da wird geschwiegen, aus dem Fenster geguckt … Da habe ich mir noch nie Gedanken drüber gemacht. Was habe ich bewegt? Was will ich eigentlich bewegt haben?«

»Was ist, wenn in fünf oder zehn Jahren Menschen zu mir kommen und sagen: ›Danke! Sie haben mein ganzes Leben verändert.‹« Edgar schaut seinen Freund eindringlich an. »Das ist ein wichtiges Ziel. Man kann viele Dinge tun, aber wen hat man inspiriert? Motivation ist ganz wichtig, denn Menschen brauchen immer auch Menschen, die andere motivieren können.« Er macht exemplarisch einen kleinen Schritt nach hinten. »Nach einer gewissen Weile lässt Motivation aber wieder nach. Daher differenziere ich zwischen Motivation und Inspiration. Denn Inspiration kann eine einzige Idee in einem Vortrag sein, und die fasziniert den Zuhörer so sehr, dass er den Rest überhaupt nicht mitbekommt. Er fängt an, sie weiterzuspinnen zur Grundlage, sich selbstständig zu machen, ein eigenes Unternehmen aufzubauen … Es gibt ja immer wieder Menschen, die sagen: ›Ich danke Ihnen. Sie waren damals der Grund für den entscheidenden Schritt auf meinem Weg.‹ Am Anfang habe ich immer wieder nachgefragt, was ich denn gesagt hätte. Und dann wurden mir Dinge erzählt, die ich nie gesagt habe. Ich habe mich für das Kompliment bedankt, aber auch gesagt, dass das nicht meine Worte sind. Doch! Das artete manchmal fast in Streitgespräche aus, bis mit klar wurde, was da abgelaufen ist: Die haben mit mir in einem Raum gesessen, einen ersten Impuls bekommen und dann angefangen, diesen Gedanken weiterzuentwickeln. Die Lösung am Ende war nicht meine Lösung, da ich nur der Katalysator war. Heute diskutiere ich gar nicht mehr. Wenn ich nachfrage, was die Idee gewesen ist, stammt sie noch immer in 80 bis 90 Prozent aller Fälle nicht von mir, sondern nur der erste Impuls. Aber dieser Impuls treibt Menschen dazu, plötzlich alles zu verändern. Was man bewegen kann, wenn man in den Köpfen der Menschen spazieren geht!«

Dazu fällt Ben ein Erlebnis ein. »Letztens hat mir einer gesagt, die Frage nach Vermächtnis und Legacy stelle sich für ihn gar nicht, weil er im Hier und Jetzt lebt. Was man ja permanent von Erfolgsmenschen und Motivationstrainern hört: ›Du musst im Hier und Jetzt leben.‹ Ich sehe das völlig anders. Irgendwann bist du dann auch im Hier und Jetzt ausgebrannt. Wenn du keine Sinnfrage hast, die dich zum Aufstehen bewegt, dann reichen Geld, Erfolg, Zuspruch und andere Faktoren nicht mehr. Irgendwann ist dieses Feuer erloschen. Es muss schon eine Balance geben zwischen der Auseinandersetzung mit der Zukunft und dem, was jetzt passiert.«

»Wenn Menschen erkennen, dass andere da sind, um zu helfen, gibt es ja auch ein hohes Missbrauchspotenzial – auch darüber muss man sich im Klaren sein. Soll es dauerhaft funktionieren, reichen Anerkennung, Geld und Macht eben nicht aus«, findet Edgar und zählt die Begriffe an seinen Fingern ab. »Stichwort ›Macht‹: Macht ist eine ziemlich primitive Sache, aber die neue Form ist ja Einfluss. Das Zünglein an der Waage zu sein. Plötzlich wird man zu einem bestimmenden Faktor. Ich war damals in einer schwierigen Situation, weil meine Kunden aufgrund des Golfkriegs Aufträge einfach nicht mehr erfüllt hatten. Tagelang stand das Schicksal meines Unternehmens auf dem Prüfstand. Mit einem gigantischen Kraftakt, der mich an die Grenze meiner Gesundheit gebracht hatte, habe ich die ganze Lage wieder geradegerückt, aber mir war klar, dass das keine dauerhafte Lösung war: Irgendwann würde es einen neuen externen Faktor geben, für den ich nichts kann. Und dann war ich da drüben in dem Hotel und hatte ein Buch mit dem Namen *Machtbeben* gelesen, von Alvin Toffler. Da war eine Schlüsselaussage: ›Wissensmacht schlägt Geldmacht.‹ Mit anderen Worten: Um zu den Siegern zu gehören, müssen Unternehmen Menschen und Wissen eine ganz andere Bedeutung zumessen. Derjenige, dem es gelingt, auf einem Spezialgebiet ein Experte zu sein, ist derjenige, der eine enorme Multiplikationschance hat. Das war die Inspiration, die ich aus diesem Buch gezogen habe. Ich habe mich von der Firma getrennt. Das war letzten Endes die richtige Entscheidung. Aber auch da war natürlich die strategische Frage der entscheidende Punkt.«

»Wenn wir mal weiterdenken: Hast du so etwas wie ein Vermächtnis?«, fragt Ben.

»Ja: Ich möchte Erfolg demokratisieren«, antwortet Edgar. »Das ist meine Mission. Ich bin niemand, der in Harvard studiert hat, aber ich kann meinem Sohn ermöglichen, die wichtigen Universitäten der Welt zu besuchen. Ich bin – wie man so schön sagt – ein Selfmademan. Es gibt Menschen, die nicht die Chance und das Geld haben, die richtigen Schulen zu besuchen, mit den richtigen Eltern vorher und den richtigen Verbindungen hinterher. Ich möchte Menschen, die nach oben wollen, eine Perspektive bieten, jenseits der klassischen Wege erfolgreich zu werden. Ich bin überzeugt, dass sie das auch abseits von Harvard können. Deshalb bin ich auch immer noch unterwegs und habe ein paar Ideen im Kopf. Insofern kann ich mein Vermächtnis auf ganz wenige, klare Worte reduzieren: Ich möchte Erfolg demokratisieren. Mein Geschäft ist, Menschen zu helfen.«

Das heißt jetzt im Klartext:

- Man kann viele Dinge tun – aber wen inspiriert man damit?
- Wenn du keine Sinnfrage hast, die dich zum Aufstehen bewegt, dann reichen Geld, Erfolg, Zuspruch und Ähnliches nicht mehr.
- Manchmal braucht es nur einen Impuls, um andere zu inspirieren.

»Soll ich dir mal meins sagen?« Ben schaut Edgar mit einem verschmitzten Grinsen an.

»Ja, sag mal.«

»Meins ist: Bodyguard sein. Für dich.« Laut loslachend umarmt Ben kurz und herzlich seinen Freund.

»Ich glaub, wir brauchen noch 'n paar mehr, wenn wir so weitermachen.« Edgar kann nicht anders, als mitzulachen. »Aber ich habe ein paar gute Kontakte, also insofern geht das auch alles.«

Über ihre Unterhaltung haben die beiden den Regen ganz vergessen. Sie haben nicht gerade die passenden Klamotten an wie das Pärchen vorhin mit ihren Regenjacken, und beschließen, wieder den Rückweg zum Auto anzutreten.

Trotz des Wetters sind doch einige Leute hier unterwegs – höchstwahrscheinlich zum größten Teil Touristen. Edgar und Ben gehen durch den Torbogen und über das Kopfsteinpflaster nach links und ein Stück an der Mauer entlang. Kurz hinter der Mauer erscheint auch schon der freie Platz auf der rechten Seite, auf dem die Kanone am Rand einer gemauerten Brüstung kurz vor einem steilen Abgrund thront. Zielstrebig gehen Sie darauf zu. Direkt neben der Kanone bleiben sie stehen. Von hier aus hat man einen freien Blick gen Süden auf die andere Seite von Deià. Ben kann sich sehr gut vorstellen, wie das Ganze ausschaut, wenn der Himmel nicht wolkenverhangen ist. Etwa zehn Meter weiter rechts – direkt an der niedrigen Mauerbrüstung – steht ein kleiner Orangenbaum, von dessen Früchten mehr als die Hälfte am Boden liegen.

Sie bleiben direkt neben der Kanone stehen – Ben links daneben, Edgar rechts davon – und lassen ihre Blicke eine Weile schweifen. Hinten erstrecken sich große Baumlandschaften, die weiter im Vordergrund von einzelnen Häusern und Anwesen unterbrochen werden. Direkt vor ihnen fällt die Mauer mehrere Meter in die Tiefe ab und am Hang darunter stehen große Orangenbäume, vollhängend mit Früchten.

Drei Spanier gesellen sich in ihre Nähe und genießen ebenso den grandiosen Ausblick. Nach einem Moment verdunkelt sich Bens Gesicht ein wenig. Er stützt sich mit seiner linken Faust auf der Kanone ab. »Weißt du, was mir momentan am meisten auf den Senkel geht in der Branche? Gerade wenn wir so an Redner denken, vielleicht auch an Trainer, an Coaches. Aber das passt in dieses Thema ›Ich als Marke‹. Sie ballern gerade alle mit dem Wort ›Werte‹ herum. Überall, wo du hinguckst, überall, wo du hinhörst, überall: Jeder Zweite redet über Werte, werteorientiertes Führen, werteorientiertes Verkaufen, mit Werten musst du das, mit Werten musst du jenes …«

»Deswegen gefällt dir die Kanone auch so gut.«

»Na gut, ich sag' mal: Man schießt mit der Kanone auf Spatzen.« Ben steckt sich die Hände in die Hosentasche.

»Das gesamte Thema Werte muss ja leben«, findet Edgar. »Darüber zu reden bringt schon mal gar nichts. Das Thema Nachhaltigkeit … das ist ein Modewort, und ich sage gerne bei solchen Sachen: Lass mal bitte den Worten Taten folgen!«

»Also: Wie können Werte auch wirklich sichtbar werden, oder? Ich glaube, wir reden momentan superviel drüber, aber es wird an wenigen Stellen wirklich gelebt.«

Edgar stimmt Ben zu. »Mir ist das auch einfach nicht fassbar genug. Klar brauchen wir Prinzipien, Werteprinzipien, nach denen wir handeln. Da ist der Ort hier ja eigentlich gut für geeignet. Es gibt ja Werteprinzipien, die Jahrhunderte, sogar Jahrtausende überdauert haben. Es ist aber nicht allein damit getan, dass wir das Wort ›Werte‹ in den Mund nehmen und das auf allen möglichen Veranstaltungen thematisieren. Die Frage ist: Was sind die wirklich gelebten Werte eines Unternehmens oder von Menschen, das ist der Punkt. Ich glaube, da willst du dran. Das ist das, was dir bei dem Thema nicht gefällt.«

»Das Thema Werte ist natürlich im Bereich Identität auch ein Schlüssel«, erklärt Ben. »Wir reden über Wertesysteme und wir wissen, dass 90 Prozent unseres Denkens, Fühlens, Handelns jeden Tag von unserem Wertesystem kontrolliert, gesteuert werden. Aber eigentlich wissen wir sehr wenig darüber. Ich stelle das immer fest, wenn ich so in der Beratung frage: ›Nenn mir mal bitte zu den und den Themen deine fünf Kernwerte in dem Bereich.‹«

»Macht sich ja keiner Gedanken drüber.« Edgar schüttelt den Kopf. »Selbst wenn das Thema Werte in der Diskussion ist oder ein definitiv erklärtes Prio-Thema in Unternehmen, ist ja die nächste Frage, die man in der dritten Stufe oder Ebene den Leuten oder Mitarbeitern stellt: ›Wissen Sie, was die Werte dieses Unternehmens sind, worum es geht?‹ Das heißt, das ist eine Philosophenrunde, die da geflogen wird, wenn es eben nicht im Kopf der Einzelnen drin ist, was das Wertesystem ist, nach dem wir handeln. Das ist mir zu oft nebulös, nicht greifbar, obwohl es zentral ist – als Grundlage einer Person, eines Unternehmens …«

»Einer Marke …«, fügt Ben ein.

»… einer Marke, ganz klar, da sind die Werte ein ganz zentrales Thema. Zum Beispiel: ›Profit is the name of the game‹ ist ein völlig anderer Ansatz, als wenn man sagt: Mein Ziel ist es, die Kunden zufriedenzustellen.«

»Wir reden ja auch im Marketing von einem Markenwert oder -kern. Und wenn ich das jetzt aufs Personal Branding übertrage, ist auch da die Frage: Für welche Werte stehe ich, welche Werte sind sichtbar für mich, welche Werte lebe ich? Aber dafür muss ich meine Werte ja auch kennen.«

Das heißt jetzt im Klartext:

- 90 Prozent unseres Denkens, Fühlens, Handelns werden von unserem Wertesystem gesteuert.
- Es wird viel über Werte geredet, aber an nur wenigen Stellen werden Werte wirklich gelebt.
- Auch auf Personal Branding übertragen heißt das: Man muss seine Werte kennen.
- Die wenigsten Menschen haben sich damit auseinandergesetzt, was sie selbst überhaupt beschäftigt.

»Also, eigentlich zieht sich das ja durch wie ein roter Faden«, entgegnet Edgar und beobachtet, wie sich die drei Spanier von der Mauer entfernen, während eine Gruppe deutsch sprechender Touristen an ihnen vorbeiläuft. »Die Aussage: ›Hast du dich eigentlich mal mit dir selbst beschäftigt, mit dem, was du im Inneren denkst und wie du handelst?‹ Damit haben sich die wenigsten bis jetzt auseinandergesetzt. Und insofern ist das ja eine ganz zentrale Grundlage, bevor alles andere darauf aufgebaut werden kann. Sonst kommt wieder raus: Tolle Idee, machen wir auch nicht! Und das ist letzten Endes auch bei dem Thema Werte ein ganz großes Risiko. Also: auf der einen Seite ganz zentral, auf der anderen Seite nicht gelebt. Oder überhaupt kein Bewusstsein dafür vorhanden. Was sind denn meine Werte, nach denen ich arbeite, lebe?«

Hier geht es eindeutig um Bens Thema. »Ich glaube, dass es gerade wenn ich zur Marke werde oder werden will, eines der ganz zentralen Themen ist, wenn es um die Identität der Marke geht: dass ich mir über die Werte klar bin. Und ich glaube, jeder von uns wird ja geprägt durch Werte. Wenn ich überlege, in welchem Umfeld wir groß geworden sind – ich denke jetzt nur mal an mich. Gut, ich komme aus einer evangelikalen Pastorenfamilie. Wenn man in so einer Prägung hängt, kriegt man was völlig anderes mit, als wenn man in Castrop-Rauxel bei den Kohlenjungs aufgewachsen ist.«

»Damit sind wir wieder bei den Glaubenssätzen, die einen das ganze Leben lang prägen. Aber ich bin überzeugt davon, dass die Oetkers dieser Welt ein ganz klares Wertesystem haben und das auch in ihren Unternehmen weitergeben. Und das Gleiche kann man auf eine einzelne Person übertragen: dass diejenigen, die ein eigenes Wertesystem haben und das auch artikulieren können, es erst dann auch weitergeben können.«

»Also Fazit …«, stellt Ben fest und zählt an seinen Fingern auf: »Nicht einfach nur drüber labern, sondern auch leben. Punkt eins. Und Punkt zwei ist: Wenn ich Marke werden will und Marke werde, muss ich mir über mein Wertesystem im Klaren sein und muss das auch sehr bewusst steuern und muss auch sagen: Was will ich davon leben und was nicht? Und ich glaube, dann hat das auch eine ganz andere Strahlkraft und fließt auch in diese ganze Markenidentität mit ein.«

»Die Idee stimmt«, fügt Edgar ein. »Nur bleibt die Frage der Umsetzung, das ist im Augenblick die Diskussion, die wir führen. Ein Wertesystem brauche ich immer. Und es ist oft so, dass wir eigentlich auch kein Wertesystem vermittelt bekommen haben, je nachdem, aus welcher Welt wir kommen. Da darf man den Leuten nicht böse sein. Aber die Chance ist natürlich da.«

Ben untermauert das Ganze weiter: »Und hier auch wieder der Punkt: Wenn ich mich für ein bestimmtes Wertesystem entschieden habe, muss ich es auch sehr konsequent leben. Ich kann morgen nicht meine Werte verändern. Tue ich ja auch im Regelfall gar nicht. Auch das ist ganz klar. Es gehört zu mir! Ich habe die Dinge, die für mich elementar sind und die mich natürlich auch treiben an der Stelle, und die kann ich nicht morgen ablegen wie einen Mantel.«

»Entscheidend ist ja auch, dass man das tatsächlich mal ausformuliert«, entgegnet Edgar. »Also das Thema im Kopf zu behalten mag zwar schön sein, bringt aber gar nichts. Es geht viel intensiver darum, das auch nachvollziehbar zu Papier zu bringen. Und das ist genau richtig: Ich kann nicht dieses Jahr dieses Wertesystem haben und nächstes Jahr dieses, sondern ein Wertesystem muss man sein Leben lang halten. Aber ich brauche es auch nachvollziehbar, ich brauche es auch dokumentiert. Und das ist das, was ein Schlüsselfaktor ist. Wer hat das wirklich mal nachvollziehbar schriftlich dokumentiert? Ich behaupte: die wenigsten.«

»Also, ich hab so drei Lieblingsfragen, die ich stelle, wenn ich die Leute in der Beratung habe, das ist ...«

Edgar unterbricht Ben. »Wie viel zahlst du?«

»Das ist ja auch beim Thema Werte gut«, lacht Ben. »Nein, das ist zum einen: Welche Werte lebst du im Umgang mit anderen Menschen? Welche Werte lebst du in deiner Kommunikation mit anderen? Und: Welche Werte lebst du mit dir selbst? Und wenn du die drei Fragen mal beantwortest und versuchst, nur so etwa fünf Werte herauszuarbeiten ...«

Das heißt jetzt im Klartext:

- Nur wer sein eigenes Wertesystem kennt und das auch artikulieren kann, kann es auch weitergeben.
- Nicht nur über Werte reden, sondern sie leben.
- Will man zur Marke werden, muss man sich über sein eigenes Wertesystem im Klaren sein und das auch steuern.
- Drei Kernfragen zum Thema Werte:
  - Welche Werte lebst du im Umgang mit anderen Menschen?
  - Welche Werte lebst du in deiner Kommunikation mit anderen?
  - Welche Werte lebst du mit dir selbst?

»Das hört sich jetzt sehr intelligent an, da muss ich erst einmal einen halben Tag drüber nachdenken«, entgegnet Edgar.

»Jetzt komm! Die zauberst du doch aus der Hose, oder?« Ben ist sichtlich darüber amüsiert, wie Edgar versucht, den Ball immer wieder zu ihm zu spielen.

»Nee, nee, glaube ich nicht. Muss ich ganz ehrlich sagen, da hast du mich schon wieder erwischt. Das sind drei unterschiedliche Wertedimensionen – ich bin ja schon froh, wenn man nur ein Thema abgehandelt hat«, winkt Edgar ab.

»Es dauert auch im Regelfall locker eine Stunde, anderthalb Stunden, um etwa 15 Werte zu formulieren.«

Das kann Edgar sehr gut verstehen. »Ein Großteil deiner Arbeit ist ja Veränderung im Kopf, oder? Oder etwas rauszulassen aus dem Kopf. Oder bewusst zu machen.«

»Ja, schon irgendwie auch mal sichtbar zu machen, das ganze Ding mal rauszupellen.« Ben tut so, als würde er eine Orange schälen. »Weil: Werte sind ja verbuddelt. Dass nie einer darüber nachdenkt, heißt ja nicht, dass sie nicht da sind. Aber sie müssen freigelegt werden.«

Edgar denkt einen Moment nach. »Was ist, wenn einer falsche Werte hat?«

»Die Frage ist: Gibt es das überhaupt? Wer will denn beurteilen, was da falsch ist?«

»Wir können das ja von den philosophischen Diskussionen trennen, dass man sagt: Jeder Jeck ist anders. Aber gerade bei dem Thema Werte: Wenn ich zum Beispiel ganz brutal auf Egoismus ausgerichtet bin und ich interessiere mich nur für mich und sonst für gar nichts, was ist denn damit?«, fragt Edgar mit hochgezogenen Augenbrauen.

»Das ist ein supergutes Beispiel«, findet Ben. »Der Punkt ist: Es ist die Auswirkung, in welcher Intention oder in welche Richtung die Werte eine Ausprägung haben. Du kennst das Sprichwort ›Du kannst immer auf zwei Seiten vom Pferd fallen‹. Wenn ich mir jetzt so jemanden angucke wie Anselm Grün, der ja auch viel mit den Themen Werte und Tugenden gemacht hat: Wenn etwas wertneutral ist, heißt es in dem Moment, es ist nicht schwarz und weiß, es ist nicht richtig und falsch, sondern es hat eine Neutralität. Je nach Intensität und je nachdem, was das für Auswirkungen hat, führt das zu irgendeinem Ergebnis.«

Das Ergebnis der nun recht schnell heranziehenden dunkleren Regenwolken wird höchstwahrscheinlich auch eine Auswirkung auf die beiden haben, nämlich dass sie sich ziemlich bald einen Platz zum Unterstellen suchen müssen.

»Und wenn du Leute hast, die megaegoistisch sind«, fährt Ben fort, »ist der Wert dahinter oftmals gar nicht schlecht. Es ist nur die Frage der Auswirkung: Wie stark prägt sich das nachher im Umgang mit anderen aus? Ich glaube, das ist der entscheidende Punkt. Auch der Wert Macht ist ja im Grunde nichts Schlechtes, es ist halt nur die Frage, was daraus resultiert. Was wird damit gemacht, und, und, und? Anerkennung ist kein schlechter Wert, es ist einfach nur die Frage: Was passiert damit?«

»Ich würde gerne noch einen Moment bei dem Punkt ›Nach mir die Sintflut‹ bleiben« lenkt Edgar ein und Ben rümpft die Nase beim Blick auf die herannahenden Wolken. »Das ist ja das, was man uns auch oft unterstellt, dass das in der westlich-kapitalistischen Gesellschaft eines unserer ausgeprägtesten Wertesysteme ist. Und dass wir deswegen eine ganze Menge – angefangen bei der Umwelt bis zu anderen Themen – kaputt machen. Ich finde, jetzt können wir nicht einfach sagen, dass das ein werteneutrales Thema ist, sondern das ist – jedenfalls nach meiner Definition – ein Wertesystem, das nicht dauerhaft funktionieren kann. Es ist ja immer nur die Frage: Wie lange kann man sich so etwas leisten, bis man eine Bilanz bekommt?«

Ben schaut fragend und Edgar erklärt. »Was ich damit sagen will: Es gibt für mich schon Werte, die ich niemals akzeptieren oder tolerieren würde, dazu gehören die. Natürlich brauchst du eine gewisse Form von Egoismus als Antrieb, sonst fängst du nicht an und bewegst dich nicht. Dafür gibt es viele Beispiele, die ausschließlich auf Gemeinschaft gesetzt und nicht funktioniert haben, aber letzten Endes ist der zentrale Ansatzpunkt hier: Es gibt Werte – gerade in der zukünftigen, neuen Welt –, wo wir über einen ethischen Grundansatz als Basis definitiv nachdenken müssen.«

»Was ich ja grundsätzlich glaube, ist, dass das Thema Werte immer Auswirkungen hat und dass die Werte an sich im Kern immer eine Normalität und eine Daseinsberechtigung haben. Und der Punkt ist immer nur: Was machen wir damit? Und in welcher Form und Weise drückt sich etwas aus? Wie hoch ist die Intensität bestimmter Sachen? Wie gesagt, man kann immer auf zwei Seiten vom Pferd fallen.«

»Arbeite mal daran, dass wirklich gute Werte rauskommen!«

»Ich glaube, ich hab da als Pastorensohn eine gute Grundlage gekriegt.«

»Du hast da gute Chancen«, lacht Edgar daraufhin. »Hast bessere Chancen als ich!«

Ben stimmt lachend zu. »Wie heißt das Sprichwörtchen? Pfarrers Töchter, Müllers Küh geraten selten oder nie.«

»Auch ein schönes Sprüchlein. Nee, ich glaube, da bist du besser dran als ich …«

Weiter lachend machen sich die beiden nun auf zurück zum Auto. Der jetzt nun noch ein wenig stärker werdende Regen lässt sie zügig die Straße hinunterlaufen. In nur wenigen Minuten haben sie ihr Fahrzeug erreicht, steigen ein und beschließen, in der Nähe essen zu gehen. Edgar meint, auf dem Weg hierher irgendwo ganz in der Nähe ein Restaurant direkt an der Straße gesehen zu haben. Ben lenkt den Wagen zurück auf die Vorfahrtstraße und fährt zurück, als wollten sie wieder den Rückweg antreten.

Edgar hatte recht. Nur circa 500 Meter weiter kommen sie an ein Restaurant, das typisch mallorquinische Küche anbietet. Sie finden direkt hinter der Kurve einen Parkplatz und gehen hinein. Nur wenige kleine Tische, die allesamt mit rot-weiß karierten Tischdecken drapiert sind, stehen hübsch angeordnet in dem kleinen Raum. In der Ecke knistert – tatsächlich – ein Feuer und strahlt eine wohltuende Wärme aus, denn der Regen hatte die Jacken von Edgar und Ben unangenehm feucht gemacht, sodass sich langsam eine gewisse Grundkälte ausgebreitet hat. Doch hier können sie sich nun aufwärmen und genießen den Aufenthalt bei Tapas und Wein.

Als sie das Restaurant verlassen, haben sich die schweren Regenwolken verzogen. Der Himmel wird nur noch von rasch davonziehenden dünnen Wolkenfeldern bedeckt. Überall hört man die Tropfen fallen, die sich gerade noch in Blättern und an Dächern halten konnten. Auch in der Straßenrinne läuft das Wasser zügig ab, als Edgar und Ben zurück zu ihrem Auto gehen und die Rückfahrt antreten.

Mit jedem gefahrenen Kilometer kommt es den beiden so vor, als würde der Himmel immer heller. Nach etwa eineinhalb Stunden Fahrt kommt die Sonne wieder zum Vorschein und es entsteht der Eindruck, als hätte es hier gar nicht geregnet.

Kurz vor Camp de Mar hat Edgar die Idee, noch mal einen kurzen Abstecher nach Andratx zu machen. »Lass uns das schöne Wetter nutzen. Drin sitzen können wir in Deutschland noch genug.« Ben findet die Idee gut und lenkt den Wagen am nächsten Wegweiser Richtung Andratx.

»Hier scheint es wirklich nicht geregnet zu haben«, stellt Ben fest, als sie in der Nähe des Hafens einen Parkplatz suchen. Sie finden einen freien Platz auf der linken Hafenseite, wo sich ein Lokal ans nächste reiht, parken dort und steigen aus. Für einen Moment bleiben sie einfach an der Hafenmauer stehen und blicken auf das Hafenbecken, wo sich ein paar Boote unterschiedlicher Größe tummeln. Bens Blick fällt auf den Leuchtturm auf der anderen Seite des Hafenbeckens. »Lass uns doch mal dorthin fahren«, schlägt er vor.

»Okay, klar!«, erwidert Edgar und beide stiegen wieder ins Auto, um zur anderen Seite hinüberzufahren.

Dort angekommen, ist eine gute Parkmöglichkeit schnell gefunden. Neben der Mauer führen ein paar Stufen hinunter zur Mole, an deren Ende ein Leuchtturm thront. Sie bleiben kurz stehen.

»Schön … nicht?«, fragt Edgar, und Ben kann das nur mit einem Nicken bestätigen. Die Sonne wirft ihre Strahlen auf die glitzernde Wasseroberfläche links und rechts der Mole. Auf der gegenüberliegenden Hafenseite ist heute ein wenig mehr Treiben als noch am Tag zuvor. Links tuckert ein kleines Boot langsam in Richtung Hafenenge zwischen dem Ende der Mole mit dem Leuchtturm und dem Kai an der gegenüberliegenden Seite. Von hier aus kann man nun sehr schön die hinter den Gebäuden mit den Bars und Cafés ansteigenden Felsen erkennen, die unten noch recht dicht bebaut sind und sich weiter nach oben immer karger präsentieren. Zur Rechten zieht weiter entfernt ein Schiff vorbei.

Vor ihnen erstreckt sich die Mole mit jeder Menge Anlegeplätzen zur Linken, die jedoch gerade alle ungenutzt sind. Etwa in der Hälfte des Wegs zum Leuchtturm hin sitzen zwei Angler und lassen ihre Füße am Rand der Mole herunterbaumeln. Rechts entlang türmen sich Felsen und größere Steine, sodass das Wasser dort nur mit ein paar Kletterkünsten erreichbar zu sein scheint. Weiter hinten geht jemand mit seinem Hund spazieren. Die Felsblöcke schließen mit einer lang gezogenen Plattform ab, die bis ganz nach hinten zum Leuchtturm führt und dort in einem Bogen um den Turm herum in einer Treppe endet, die direkt links ein Stückchen weg von dessen Eingangstür hinabführt.

Edgar und Ben entschließen sich, links der Mauer entlang Richtung Leuchtturm zu gehen. Ben schließt noch einen weiteren Knopf seines Hemds, denn der Wind ist recht frisch.

»So ein Leuchtturm ist eigentlich das ideale Bild, gerade wenn wir über das Thema Marke reden. Beim Personal Branding geht es ja um die Sichtbarkeit im Markt. Wann werde ich als Marke erkannt? Was sende ich aus? Das kann das Profil sein, meine Botschaft, die Dinge, für die ich stehe …«

»Das könnte also ein Wort sein?«

»Das kann ein Wort sein. Das kann ein Satz sein. Irgendwas, was ich thematisch besetze. Die Frage ist: Wie bringe ich das so als Signal nach draußen, dass es im Markt überhaupt wahrgenommen wird? Bei Sichtbarkeit reden wir auch von Wahrnehmung.«

»Sichtbarkeit kann ja nur dann funktionieren, wenn du etwas Einzigartiges hast«, fügt Edgar ein. »Wenn du eine Sichtbarkeit hast, mit der du komplett austauschbar bist, kannst du das Thema vergessen.«

»Das ist klar!«

»Der Gründer von Sony hat mal so schön gesagt: Folge niemals der Idee eines anderen. Das ist auch ein ganz wichtiger Aspekt. Oder geht es hier wirklich darum, eine Einzigartigkeit mit einer Sichtbarkeit zu erzeugen, aber eben der Erste und Einzige zu sein, der sich mit dem Thema befasst?«

»Also die Einzigartigkeit in der Thematik. Also die Einzigartigkeit in dem, was ich tue. Was mir bei dem Thema oft einfällt, ist das IKEA-Bällchenbad«, schmunzelt Ben.

»Schön!«

»Du hast superviele Leute auf dem Markt, die sehen alle gleich aus. Bällchenbad IKEA. Nur andere Farben. Die Frage ist: Was kann ich tun, um im Bällchenbad IKEA – ja – einen dicken Fisch zu angeln …«, gestikuliert Ben zu den Anglern, die sie gerade passieren. Der ältere der beiden ist gerade damit beschäftigt, seine Angel mit einem neuen Köder auszustatten, während der jüngere Ben und Edgar beim Vorbeigehen beobachtet und seine Rute ins Wasser hält.

»Aber da musst du auch viel Geduld haben.«

»Die Frage ist, wie steche ich aus dieser Masse hervor? Alle sind gleich. Es sind vielleicht nur andere Farben, aber alle sind gleich rund.«

»Wir sind ja gerade beim zentralen Thema. Die Sichtbarkeit kommt ja von dem, wofür du stehst. Das, weshalb die Menschen sagen: ›Das ist die Person, die sich für dieses Thema einsetzt.‹ Die Frage ist, wie komme ich da hin?«

»Und was sende ich aus?« Ben gestikuliert zum Leuchtturm mit seiner reinweißen Fassade und dem obersten leuchtend rot gestrichenen Kopf, den sie gerade erreicht haben. »Wenn ich mir diesen Leuchtturm angucke, der sendet ja Signale. Kontinuierlich, immer in einem ganz besonderen Rhythmus.«

»Wie könnte derjenige, der daran interessiert ist, das Thema Sichtbarkeit angehen?«, fragt Edgar und kratzt sich am Kopf.

»Ich glaube, dass es zum Thema Sichtbarkeit ein Schlüsselwort gibt, und das ist: Polarisierung. Wenn ich im Bällchenbad auffallen will, muss ich polarisierend sein, um meine Andersartigkeit auch nach außen ausstrahlen zu können.«

Das heißt jetzt im Klartext:

- Bei Personal Branding geht es um die Sichtbarkeit im Markt: Wann werde ich als Marke erkannt? Was sende ich aus?
- Sichtbarkeit funktioniert nur dann, wenn man etwas Einzigartiges hat.
- Die Sichtbarkeit kommt von dem, wofür man steht.
- Wer im IKEA-Bällchenbad auffallen will, muss polarisieren.

»Das will ja keiner«, fügt Edgar ein. »Polarisierung ist ja für die meisten ein absolutes Tabuthema. Eigentlich wollen ja alle Everybody's Darling sein. Mir hat mal jemand gesagt: ›Everybody's Darling is

Everybody's Depp.‹ Ich habe das ja auch gemacht, indem ich geschrieben habe: Clienting ersetzt Marketing. Das war dramatisch polarisierend und hat dazu geführt, dass für eine Weile keiner mit mir gesprochen hat. Ich wurde ignoriert und denunziert. Im Nachhinein betrachtet war das natürlich der beste Weg, innerhalb der gesamten Kundenwelt eine eigene Sichtbarkeit zu etablieren. Das habe ich damals vielleicht intuitiv gemacht. Die Sache ist: Polarisierung tut ja auch weh. Ich kam damals aus der Verkaufswelt, und von einem Tag auf den anderen hat keiner mehr mit mir gesprochen. Eine ganz komische Situation, in der man ja auch mit Selbstzweifel kämpft. Es wurde in Foren heftig gestritten, und da gab es Menschen, die das hitzig diskutiert, mich als Scharlatan bezeichnet haben. Und dann kamen wieder andere, die dem widersprochen haben. Da war die Polarisierung eines der wichtigsten Themen, damit dieses Thema nicht in der Anonymität verschwindet. Wie sagte Günther Jauch: ›Tun Sie ja nicht so, als würden Sie sich verstehen.‹«

Ben geht einen Halbkreis um Edgar herum und hat somit die beiden Angler wieder im Blick. »Das würde ja bedeuten, so wie du sagst, dass die Polarisierung als Erstes passieren muss. Ich muss mir im Klaren sein, was ich eigentlich polarisieren will, um daraufhin ein Standing zu etablieren, wie so ein Leuchtturm, und jetzt fange ich an, sichtbar zu strahlen.«

»Als Erstes muss ich mir im Klaren sein: Will ich das? Zu polarisieren bedeutet, dass man mit persönlichen Angriffen rechnen muss. Wer immer geliebt werden will, hätte damit ja ein massives Problem, denn im Moment der Polarisierung ist das vorbei. Dann kommt eine schwierige Zeit. Will ich also eine Polarisierung, die bis unter die Gürtellinie gehen kann? Ich glaube allerdings, genauso wie du, wenn man wirklich das Beste aus sich rausholen und an die Spitze kommen will, dann hat man gar keine andere Chance. Du musst schon in die Schwarz-Weiß-Welt einsteigen – entweder Schwarz oder Weiß, und nicht etwa in Grau mit allen ein bisschen klarkommen.«

Ben schaut sich den Leuchtturm etwas genauer von seiner Position direkt neben der Mauer an, wo die Sonne nun genau ihre Köpfe bescheint. Der Leuchtturm scheint aus Sandstein zu sein und hat von dieser Perspektive aus gesehen eine Tür direkt neben ihnen, zu der man zwei Stufen hochgehen muss, und ein darüberliegendes kleines Fenster. Das Geländer um das große Leuchtglas herum sowie das gesamte Eisengefüge dort sind rot.

»Meinen Klienten sage ich ganz oft: Wenn du zu polarisieren anfängst, gibt es nur noch zwei Gruppen von Menschen – die, die dich hassen, und die, die dich lieben«, erklärt Ben. »Die breite Masse und alles, was dazwischen ist, ist dann vorbei. Wenn ich zur Marke werde, bekomme ich ein Standing und eine Sichtbarkeit, und dann gibt es eine Menge Menschen, die sagen: Das finde ich furchtbar, damit will ich nichts zu tun haben, während andere sagen: Das finde ich super, ich werde Fan!«

»Gerade in unserer Welt glauben ja viele, sie wären diejenigen, denen alles zusteht. Du hast also schon automatisch viele Kritiker, in jedem Konzern. Da mag einer Superideen haben und nimmt einen Weg außerhalb der Normalität des Konzerns. In dem Moment kommt sofort der Gegendruck von Leuten aus dem eigenen Konzern, die dafür sorgen möchten, dass er nicht weiterkommt. Da ist immer eine gewisse Polarisierung, nicht nur in der Selbstständigkeit, sondern auch in Unternehmen. Will man ins Personal Branding gehen, muss man sich also im Klaren sein, dass man nicht nur Menschen begegnet, die einen lieben.«

»Mit der Polarisierung muss ich ja ein Mordsfundament für meinen Leuchtturm legen.« Ben deutet auf den massiven Stein unter ihnen. »Ich muss mir ja schon im Vorfeld klar werden, auf welche Weise ich polarisieren möchte. Das wird auch oft völlig missverstanden. Wenn Leute das Wort ›polarisieren‹ hören, sagen manche: ›Ätzend‹, und andere: ›Gut‹. Auch dazwischen gibt es kaum Meinungen.«

Edgar nickt und zeigt zur Spitze des Leuchtturms. »Das ist ein schönes Beispiel. Wenn man jetzt mal hochguckt: Die Lampe steht obendrauf. Das Licht ist oben, obwohl es vielleicht nur zehn Prozent des ganzen Turms einnimmt. Die Wirkung ist oben. Aber ohne die restlichen 90 Prozent würde die Lampe nicht funktionieren. Wenn man diesen Weg gehen will, braucht man also dieses Fundament. Aber ich frage mal ganz ketzerisch: Muss ich polarisieren? Gibt's nicht noch einen anderen Weg? Geht es nur, wenn man schwarz-weiß malt oder kriegt man das vielleicht auch mit Everybody's Darling hin?«

Ein Schwarm Möwen fliegt kreischend über sie hinweg und kreist über einem Fischkutter, der gerade zu seinem Anlegeplatz zurückkehrt. Dem entgegengesetzt rast ein Motorboot hinaus aufs Meer, mit dem die Wellen zu spielen scheinen. Die Sonne steht mittlerweile schon recht tief und wirft einen breiten, hellen Schein auf die Wasseroberfläche.

»Was sind die Auswirkungen?«, stellt Ben die Gegenfrage. »Wenn ich Everybody's Darling bin, bedeutet das ja, dass ich in meiner Markenidentität und in dem, was mich als Person ausmacht, nicht mehr klar bin in dem, was ich mache, weil ich ja ständig HB-Männchen sein muss. Ich habe ja wirklich in allen Themen, Anfragen und Meinungen das Riesendilemma, auf 100 Hochzeiten tanzen zu müssen. Wenn ich mich zweiteilen könnte, würde ich zum Zirkus gehen. Wie will ich mich also aufsplitten, um es allen recht machen zu können? Da muss ich ja schon einen sehr harmonisierenden Drang in mir haben.«

»Ich glaube, dass viele den haben. Dazu würde ich mich auch zählen. Bei meinem eigenen Beispiel war die Polarisierung dann aber möglicherweise die Grundlage, um auf dem Gebiet zu einem Leuchtturm zu werden. Mir ist das eigentlich erst jetzt so richtig bewusst geworden. Ich fand's ja damals ehrlich gesagt zum Kotzen.« Edgar legt seine Stirn in Falten und Ben nickt verständnisvoll. »Es gab wirklich massivste Kritik zu dem Thema. Heute ist ja vieles davon verstummt und viele der damaligen Kritiker sind zu Befürwortern geworden. Das Einzige, was sie ärgert, ist doch, dass sie nicht selbst darauf gekommen sind. Wenn ich das heute so im Nachhinein betrachte, wird mir bewusst, dass die Polarisierung der Schlüssel war – durch die kontroverse Diskussion in den Foren und teilweise auch auf den Veranstaltungen.« Edgars Stimme wird leiser und auch das Tuckern des Fischkutters entfernt sich immer weiter. »Und je mehr Harmonie da reingekommen ist, je mehr Normalität da reingekommen ist, umso schwerer wird es, die Sichtbarkeit aufrechtzuerhalten. Völlig korrekt.«

»Desto mehr hat man natürlich auch mit dem Thema Verwässerung zu tun.«

»Natürlich. Irgendwann guckst du morgens in den Spiegel und fragst: ›Wer bin ich?‹, und der Spiegel sagt: ›Der Nächste bitte!‹«

Das heißt jetzt im Klartext:

- Polarisierung ist für die meisten Menschen ein Tabuthema. Und trotzdem: *Everybody's Darling is Everybody's Depp.*
- Man muss sich im Klaren sein, was man polarisieren will, um daraufhin ein Standing zu etablieren.
- Wer polarisiert, muss auch mit persönlichen Angriffen rechnen.
- Als Marke bekommt man Standing und Sichtbarkeit.

»Und du wirst vor allen Dingen gar nicht mehr greifbar für die Leute. Wenn du ständig versuchst zu bedienen und eben nicht zu polarisieren, hast du ja aus marketingtechnischer Hinsicht das Problem, dass du gar nicht fassbar bist. Du bist wie ein Stück Seife: Überall versucht man dich zu packen, aber ohne Erfolg.«

»Du bist dann halt austauschbar. Irgendwann hast du alle Chancen verloren. Insofern ist die Polarisierung ein harter Weg – vor allem, weil ich glaube, dass die meisten eher harmoniesüchtig sind –, aber wenn man darüber nachdenkt, wie man sich selber als Person vermarkten will, dann führt daran definitiv kein Weg vorbei.«

»Also ist das Thema Polarisierung eigentlich eines der Fundamente, die ich brauche, um im Personal Branding eine Marke aufzubauen.« Ben möchte durch seine Aussage Edgar ein wenig mehr entlocken.

»Du musst ja erst einmal die Polarisierung hinkriegen.« Edgar wechselt sein Gewicht aufs andere Bein. »In meinem Fall war das ja einfach: Es gab das Marketing, was ich ja massivst kritisiert habe und kritisiere, weil es nicht mehr zeitgemäß ist, und ich habe dadurch mit dem Wording Clienting diese Polarisierung automatisch geschaffen. Das lag ja in der Wortwahl schon drin. Ich weiß nicht, ob das allen so leichtfällt.«

Die beiden gehen nun ganz dicht an den Leuchtturm heran und bleiben direkt neben dessen Sockel stehen. Ben ergreift wieder das Wort.

»Thema Sichtbarkeit, Wahrnehmung für eine Marke heißt also: Stell dich darauf ein, du wirst polarisieren müssen, ohne bekommst du keine Ecken und Konturen, also wirst du irgendwo im Bällchenbad untergehen. Das ist das eine. Das andere ist: Die Polarisierung und Sichtbarkeit sind die Fundamente für Wirkung, und erst dann kannst du eine Strahlkraft haben, in den Markt hinein, zu den Leuten, die Kunden oder Klienten sind.«

»Deshalb brauchst du ja auch eine saubere Strategie. Wenn du einfach nur die Behauptung aufstellst, ohne eine entsprechende Strategie zu haben, dass es auch von der Substanz etwas hergibt, zerreißen sie dich ja in der Luft. Es gibt ja viele Menschen, die sehr schnell eine These aufstellen, aber wenn du da nicht genau das als Basis hast, was ich Strategie nenne, dann wirst du zerrissen – berechtigterweise. Die Vorbereitung auf den Moment ist also der entscheidende Faktor, nicht die Erkenntnis alleine. Eine geniale Idee reicht nicht, die muss einzigartig und strategisch von der Positionierung so aufgearbeitet sein, dass sie dieses Fundament bildet. Und dann geht es in die Polarisierung rein und man muss sich auch darüber im Klaren sein, was als Nächstes ablaufen wird. Aber nach diesem schwierigen Weg, den man dann gegangen ist, ist man zu einer Orientierung geworden, und eines Tages vielleicht sogar zu einer Kultfigur.«

Ben lehnt sich an den Sockel des Leuchtturms. »Also von der Polarisierung zur Orientierung – ist ja auch eine schöne Brücke. Ich habe oft Schwierigkeiten damit, Leute davon zu überzeugen, dass Polarisierung zum Geschäft gehört. Das wollen viele ja gar nicht hören.«

»Wollte ich gerade sagen«, fügt Edgar ein. »Auch für mich ist das ein neues, spannendes Thema. Ich hätte dir vielleicht auch direkt als erste Reaktion gesagt: In dem Punkt kann ich dir nicht beipflichten! Weil mein Naturell eher etwas anderes hergibt. Anhand meines eigenen Beispiels muss ich bestätigen: Das war eine, wenn nicht die wesentliche Grundlage. Wenn ich so nicht polarisiert hätte, wäre das alles vielleicht gar nicht entstanden. Ich war ja nicht der Einzige, der damals zum Thema Kundenorientierung geredet oder geschrieben hatte. Insofern ist es ganz klar eine Abwehrreaktion. Du musst ja auf Krawall gebürstet sein …« – Ben nickt zustimmend – »… wie Brad Pitt bei *Troja*, der sagt: ›War das alles?‹ Auf Krawall gebürstet und bereit sein, die dahinterstehenden Chancen zu sehen. Schwierig.«

»Eine echte Herausforderung.«

Das heißt jetzt im Klartext:

- Wer nicht polarisiert, ist aus Marketing-Sicht nicht fassbar – und austauschbar.
- Polarisierung und Sichtbarkeit sind die Fundamente für Wirkung. Damit beginnt die Strahlkraft in den Markt, zu den Kunden.
- Eine Idee allein genügt nicht. Die Vorbereitung, die Strategie bildet das entscheidende Fundament.
- Polarisierung gehört zu einer Marke, denn sie gibt Orientierung.

»Aber wenn du es richtig weit bringen willst, dann musst du das Gleis der Normalität verlassen, Wege gehen, die vor dir noch keiner gegangen ist – und polarisieren«, fährt Edgar fort. »Da kauf' ich deine Idee, wenn ich das mal so sagen darf. Aber ich bin mir im Klaren darüber, dass es für die meisten eine ganz große Herausforderung ist. Aber wir reden ja darüber, wie man das Optimum erreichen kann, und nicht, wie man im Strom mitschwimmt.«

»Ich glaube, es braucht auch eine Sensibilisierung dafür, dass das Wort ›Polarisierung‹ nichts Schlechtes ist«, findet Ben und schaut kurz aufs Meer. »Es ist ja mit negativen Assoziationen besetzt, und in 95 Prozent der Fälle, wenn das Wort fällt – auch in der Beratung –, siehst du erst einmal das Zucken in den Gesichtern, und du weißt genau: Bei denen spielen sich Filme im Kopf ab. Darin kommen Menschen vor, wo der Kunde dann sagt: ›Aber Herr Schulz, dann bitte nicht so wie die!‹ Dann sage ich immer, dass auch die Polarisierung zwei Seiten hat. Das ist eine Sache der Ausprägung.«

»Wir haben natürlich auch – ich will ja nicht zu weit ausholen – in der Schule schon Anpassung mitgegeben bekommen«, erinnert sich

Edgar und schaut ebenfalls aufs Meer hinaus. »Und das ist vielleicht etwas, was wir unser ganzes Leben mit uns rumtragen. Sobald jemand ein bisschen hervorstach, wurde er runtergedrückt. Er ist ja nicht dahingehend entwickelt worden, etwas anderes zu sein als alle anderen, im Gegenteil. Und jetzt kommst du und erzählst: Tut mir schrecklich leid, aber ihr müsst schwarz-weiß sehen und ihr müsst euch entscheiden, ob ihr Schwarz oder Weiß haben wollt. Und das ist uns in dem Sinne nie vermittelt worden. Das macht die ganze Sache wahrscheinlich auch so schwierig. Und ich glaube, bei Frauen ist das noch schwieriger: In Sachen Harmonie sind die ja ein gutes Stück weiter als die Männer. Eine große Klippe, die da zu überwinden ist. Umso spannender ist es, wenn man mitkriegt, wie eine Fangemeinde entsteht. Aber vielleicht kann die nur dann entstehen, wenn die auf der anderen Seite eben keine Fans sind. Ich krieg's ja bei meinen Facebook-Themen mit: Am spannendsten wird es, wenn die sich plötzlich in die Wolle kriegen. Und dann geht plötzlich richtig was ab. Wenn Harmonie herrscht, passiert nichts. Insofern spürt man das ja auch schon im Kleinen, welche Auswirkungen solche Sachen haben. Und dann ist die Sichtbarkeit noch höher. Ich meine, das Ziel ist ja, für ein Thema zu stehen und von draußen erkennbar zu sein«, schließt Edgar und zeigt zum Leuchtturm hoch.

»Ich glaube, das braucht's auch. Angstfrei mit dem Wort ›Polarisierung‹ umzugehen ist ein Schlüssel und etwas, wofür man sensibilisiert werden sollte, um zu sagen: Polarisierung und Sichtbarkeit hängen ganz eng zusammen, das ist nichts Schlimmes, das gehört zum Geschäft dazu. Da muss ich mich drauf einschießen, dass ich das brauche, um Marke zu sein. Und das Fundament dafür ist, dass das Ding hier oben anfängt, eine Strahlkraft zu haben. Ich komme gerade zum ersten Mal vom Thema Polarisierung in die Strahlkraft. Und dann reden wir über Wahrnehmbarkeit, und ich glaube, dann habe ich auf dem Markt gegenüber anderen auch eine Kontur. Ecken, Kontur …«

»Ja.«

»Es ist nicht austauschbar …«

»Einzigartig.«

»Es ist einzigartig. Ja.«

Ein zweiter Fischkutter steuert an der Mole vorbei hinein in den Hafen. Allerdings scheint dieser nichts gefangen zu haben, denn er wird nicht von Möwen begleitet.

»Aber der Leuchtturm ist ja auch spannend«, findet Edgar und schaut nach oben. »Den kannst du ja nicht morgen da drüben hinstellen.«

»Wird schwierig.«

»Ja. Er ist jetzt hier und ist wahrscheinlich seit 30 Jahren hier … nein, seit 1903, sehe ich gerade.« Über der Tür ist die Jahreszahl »ANNO 1903« aus Stein gemeißelt. »Der wird auch in 20, 30 Jahren noch hier stehen. Das ist ja auch etwas ganz Entscheidendes, dass man nicht sagen kann: Heute leuchte ich mal in diese Richtung und morgen verschieben wir's ein bisschen. Da wird nichts passieren. Also: Man kann mit einem einzigen Wort berühmt werden. Einem Satz, einer These. Oder einer Fähigkeit. Samy Molcho zum Beispiel – derjenige, der das Thema Mimik eigentlich erfunden hat, wenn man so will.«

»Ja klar. Ich will mal sagen, es gibt Begriffe, wenn die fallen, hat man sofort Assoziationen zu bestimmten Menschen. Ich sage mal Zeitmanagement – wer kommt einem da in den Sinn?«

»Ja …«

»Ist klar. Und das sind natürlich so Sachen, die kann ich besetzen und mich darauf fokussieren, und das haben andere bewiesen, dass es funktioniert.«

»Immer wieder aufs Neue. Aber ich glaube, auch da liegen die Probleme nicht in der Umsetzung – da kann man ja einen Weg finden. Du findest immer etwas, mit dem du eine Einzigartigkeit herstellen kannst. Das Problem ist aber die Psychologie vorher. Und auch die Bereitschaft, aus der Masse herauszuragen. In dem Moment, in dem du das tust, kommt ja der ganze Wind sofort auf dich zu.«

»Sofort!«, stimmt Ben zu.

»Sofort. Und das Problem ist: Erfolge entstehen ja im Kopf, Misserfolge allerdings genauso. Auch da ermöglicht es dir erst die Einstellung, dich zu öffnen. Viele haben die gleichen Chancen, sehen aber die Perspektiven nicht. Und wenn man sie sieht, ist es wichtig, dass man von Anfang an erkennt, was man an sich selbst verändern muss. Und wie gesagt: Ein Harmoniesüchtiger, der über Polarisierung nachdenkt, schreit ja in sich selber …«

»Ja, das ist kontrovers«, ergänzt Ben. »Das sind zwei Pole, die gegeneinander arbeiten. Du hast gerade noch was gesagt, das finde ich auch krass. Je nachdem, wem man das sagt, kann der zu zucken anfangen. Theoretisch bedeutet das: Wenn ich als Marke erfolgreich sein will, muss ich polarisieren. Weil: Ohne Polarisierung erlebe ich keinen Erfolg. Ich werde nicht erfolgreich sein. Das heißt das in der Konsequenz.«

»Ja … ja.«

»Da gibt es keinen Mittelweg. Man muss auch da ganz klar eine Entscheidung treffen und sagen: Wenn ich erfolgreich sein will, gehört Polarisierung mit dazu. Punkt.«

Edgar überlegt einen Moment.

»Es ist immer die große Frage, ob es nur einen Weg nach oben gibt – wir wissen ja, es gibt viele Wege nach Rom. Das wird ein ganz zentrales Thema sein. Es gibt ja auch diesen berühmten, von mir mehrfach zitierten glücklichen Moment, in dem man glücklicherweise zum richtigen Zeitpunkt an der richtigen Stelle steht und nichts dafür kann. Weil man plötzlich in diesem Moment nach oben gespült wird, wo es die Kairos-Chance gerade gibt. Das heißt, man müsste also in dem Fall gar nicht am Anfang polarisieren … nur irgendwann. Wenn man sich das nicht von Anfang an bewusst macht, wird man wieder in die Austauschbarkeit abrutschen. Wenn die Geschichte super ist – am Beispiel Apple und iOS sowie Samsung und Android –, wird es Kopierer geben. Dann wird es entscheidend sein, wie man eine Polarisierung betrachtet hat. Man könnte also durchaus ohne Polarisierung anfangen, aber das ist eine reine Zeitfrage, bis andere die gleichen Chancen haben, und dann bist du – weil du nicht polarisiert hast – austauschbar. Und dann bricht das schneller ab, als man gucken kann.«

»Ja. Und das hat ja auch zur Folge, dass manche bekannten Leute oder Menschen im Redner- oder Trainergeschäft, die in der Thematik hochgespült worden sind, gar nicht die waren, die die Lorbeeren geerntet haben. Das waren dann eher die, die gesagt haben: ›Oh, guck mal, da, ich nehm das, klau das, kopier das.‹ Die haben in der Polarisierung einfach einen höheren Drive gehabt, und zack, ist es deren Erfolg!«

»Na ja, gut, das ist ja auch immer die große Grundsatzfrage: Bin ich der First Mover, der dann auch als einsamer Rufer in der Wüste steht, oder bin ich derjenige, der erst mal vorlaufen lässt, und bin dann der beste Kopierer? Ich glaube, die Frage ist letzten Endes noch gar nicht geklärt. Aber in einem personenbezogenen Geschäft, bin ich mir ziemlich sicher, ist der First Mover die bessere Wahl. Der Wegbereiter hat es zwar am Anfang schwieriger, hat aber immer einen Sichtbarkeitsvorsprung. Man wird sich immer daran erinnern. Und da ist der Kopierer im Zweifelsfall immer der zweite Sieger. Ganz klar muss man das so betrachten.« Edgar tauscht einen kurzen Blick mit Ben aus. »Aber … das Stichwort ›Polarisierung‹ habe ich heute gekauft, denn es ist entscheidend, dieses auch mit einzubauen, auch wenn es am Anfang nicht nötig gewesen wäre.«

»Also irgendwann wird auch dann da der Zeitpunkt kommen – und der ist nicht weit weg –, dass man in dieses Thema der Polarisierung einsteigen muss.«

»Ja, und deswegen sollte man sich von Anfang an darüber im Klaren sein«, fügt Edgar ein. »Hat man irgendwann das Gefühl, dass die Welt einen braucht und nicht ohne einen klarkommt, dann ist das ja schon der Höhepunkt es Abschwungs. Es geht ja alles so in 1000-Tage-Rhythmen, und der Tag des größten Erfolges ist meist der Tag des Abschwungs. Und das will keiner wahrhaben, weil man sich ja so schön im Erfolg sonnt. Aber guckt man sich das im Nachhinein an, hätte man schon viel, viel früher Veränderungen vornehmen müssen. Und wenn dann die Grundelemente einer Polarisierung gefehlt haben – weil man durch Zufall nach oben gespült worden ist –, dann holt es einen ein. Aber: Dann wird man mit hoher Wahrscheinlichkeit auch weg vom Fenster sein. Ich bin überzeugt, dass es dann einen anderen, eine andere geben wird, die dann vorbeizieht.«

»Ich glaube, das sind diese klassischen Unternehmenszyklen«, findet Ben und nickt zustimmend. »Und die Frage ist einfach: An welcher Stelle im Zyklus, wenn ich den höchsten Peak habe, läute ich die nächste Runde ein, um die nächste Welle mitzunehmen? Und das ist oft das, glaube ich, was viele nicht früh genug wahrnehmen. Und dafür braucht es an der Stelle auch für die nächste Kurve wieder das Thema Polarisierung und Sichtbarkeit, um dann wieder diese Kurve nehmen zu können.«

»Ich bringe da ja auch immer gerne diese 1000-Tage-Rhythmen ins Spiel, die ich gut an den Unternehmen beobachten kann. Das heißt: Wenn du wirklich etwas grundlegend verändern willst, schaffst du das nicht in einem Jahr. Da brauchst du einen 1000-Tage-Zeitraum. Aber spätestens nach 600, 700, 800 Tagen musst du bereits das, was du so erfolgreich aufgebaut hast, schon wieder infrage stellen und musst dann schon die nächsten Grundlagen schaffen für das nächste Wachstum.«

»Genau … genau!« Ben ist absolut von dem überzeugt, was Edgar da sagt.

»Da geht die Kurve erst mal wunderschön nach oben und … wuff … geht sie auf einmal wieder runter.« Edgar macht eine Handbewegung, die eine auf- und eine absteigende Kurve in die Luft malt. »Die Frage ist: Hat man die Chance, wenn es runtergegangen ist – Nokia lässt grüßen –, das Ganze wieder nach oben zu bringen? Das ist ein ganz spannendes Thema.«

»Das gleiche Prinzip hast du mit Personen«, weiß Ben.

»Ja, natürlich.«

»Das ist im Prinzip genau das Gleiche. Das ist unternehmensstrategisch oder im Personenmarketing genauso anwendbar. Da gilt genau dasselbe.«

»Ja, meine Grundthese ist eben: Eine Person, ein Produkt oder eine Dienstleistung, das sind heute alles Dinge, die höchst professionell vermarktet werden müssen. Dazu zählen eben all die Dinge, über die wir hier die ganze Zeit reden. Du kannst bei einem Talent oder einer Superinnovation nicht davon ausgehen, dass du dauerhaft damit erfolgreich sein wirst. Und daher sind diese Dinge ja so wichtig, dass man von Anfang an dieses Fundament dafür baut und sich darüber im Klaren ist – dass man am Anfang durch einen glücklichen Moment, durch richtiges Timing nach oben gespült wird. Aber man muss sich im Klaren sein: Da hat einer die Stoppuhr gestartet. Und bei der Stoppuhr ist die Frage: Wann wird stopp gemacht? Und dann ist man im Zweifelsfall weg vom Fenster. Das habe ich auch schon sehr oft erlebt.«

Das heißt jetzt im Klartext:

- Man kann mit einem einzigen Wort berühmt werden, einem Satz, einer These, einer Fähigkeit.
- Man muss bereit sein, aus der Masse herauszuragen.
- Erfolge entstehen im Kopf. Misserfolge allerdings ebenso.
- Wer als Marke erfolgreich sein will, muss polarisieren und ganz klar die Entscheidung dazu treffen.
- Eine Person, ein Produkt oder eine Dienstleistung sind heute alles Dinge, die vermarktet werden müssen.

»Und das heißt für uns beide?«, fragt Ben.

»Wir müssen uns immer wieder neu erfinden.«

»Und wir gehen jetzt mal ’ne Runde polarisieren, oder was?« Darauf muss Edgar laut loslachen.

»Das heißt für uns, dass wir jetzt noch mal von vorne anfangen, oder wie?«, will er wissen.

»Ja, wir überlegen uns jetzt: Wie polarisieren wir ab morgen wieder neu für die nächsten 1000 Tage?«

»Also, mir fällt das schon schwer. Muss ich ja ganz ehrlich sagen. Aber ich nehm das mal so mit und lass mir irgendwas einfallen.«

Ben lacht.

Edgar überlegt einen Moment. »Oder ich bleib einfach bei meinem Thema, ich hab meine Mission ja noch nicht erfüllt. Insofern könnte das ja noch für ’n paar Jahre reichen. Keine Ahnung. Müssen wir mal sehen.«

Kapitel 3

Die Markentypen

Der nächste Tag auf Mallorca startet wieder genauso sonnig wie der vorangegangene. Am Abend zuvor haben Edgar und Ben in der Hotellounge den Tag Revue passieren lassen und entschlossen, den nächsten Tag komplett von ihrer Lust und Laune und natürlich vom Wetter abhängig zu machen.

Sie haben bewusst nichts Spezielles geplant, denn an ihren normalen Arbeitstagen ist generell alles sehr eng getaktet, dass sich das Ungeplante schon ein bisschen wie Luxus anfühlt.

Noch während des Frühstücks fallen immer wieder die Begriffe Boote oder Schiffe. Ben hatten die Boote im Hafen von Andratx schon ziemlich beeindruckt – allein wegen deren unterschiedlichen Größen, Aufmachungen und Ausstattungen.

»Ich kenne da einen Platz, wo noch ganz andere Boote liegen«, meint Edgar mit einem verschmitzten Lächeln. »Wollen wir da mal hin?«

»Na klar!« Ben freut sich und schaut seinen Freund ebenfalls grinsend an.

Der Mietwagen steht schräg gegenüber dem Hoteleingang. Als sie die Straße überqueren, deutet Edgar Richtung Andratx hinunter. »Da fahren wir hin.«

»Du liebst diesen Ort, was?«

»Wundert dich das? Andratx gilt als schönster Hafenort der Insel. Ich kenne da einen Klub, bei dem findest du alle Typen an Booten. Aber hauptsächlich die etwas teureren. Und der Klub selbst ist allein von seinem Ambiente her toll.«

Diesmal lässt Ben Edgar den Vortritt, die Rolle des Fahrers einzunehmen, indem er ihm die Schlüssel in die Hand drückt und zielstrebig zur Beifahrertür steuert. Jetzt kann er auch mal ein wenig mehr davon sehen, was links und rechts der Straße los ist. Auch wenn die Fahrt diesmal eher kurzweilig ist, verglichen mit dem vorherigen Tag.

Edgar lenkt den Wagen die kurvige Straße entlang durch die waldige Landschaft von Camp de Mar nach Andratx. Der Blick von hier oben auf die malerisch gelegene Bucht mit dem Hafen, seinen aufgereihten Booten und dem Gebirge im Hintergrund lässt Bens Gedanken ein wenig abschweifen. Nach etwa nur 15 Minuten Fahrt biegt Edgar in eine Straße ein, in der linker Hand an einem weißen Gebäude das Schild ›Club de Vela Puerto de Andratx‹ prangt. Edgar steuert auf den großzügig angelegten Parkplatz davor.

»Im Sommer kriegst du hier keinen Platz.«

»Das kann ich mir gut vorstellen«, lacht Ben und äugt in Richtung Anlegeplätze.

Sie steigen aus und gehen zum Eingang des Jachtklubs – selbstverständlich ganz in Weiß gehalten, mit dem blauen Schriftzug des Schilds, ganz so, wie es sich für einen solchen Klub gehört. Eine großflächige Glastür gewährt schon von außen einen großzügigen Blick in den Restaurantbereich. Boden und Wände im Eingangsbereich sind in hellem Marmor gestaltet, was sich auch im dahinter gelegenen Restaurant fortsetzt. Die Tische im Inneren sind allesamt mit bis knapp über dem Boden hängenden Tischdecken ausgestattet und mit geschmackvoll arrangierter, dezenter Deko bestückt. Vor der Wand zur Linken erstreckt sich die Bar sowie eine mit Glas abgetrennte Fläche, hinter der Orangen, Zitronen und Äpfel präsentiert sind. Von der Zwischentür – ebenfalls aus Glas – führt der Blick geradewegs auf den hinteren Außenbereich mit edel aussehenden Loungemöbeln sowie Restaurantmöbeln aus Rattan. Unmittelbar dahinter liegt mit nur ein paar großen Palmen in Kübeln ein wenig verdeckt der Jachthafen, zu dem ein paar Stufen auf einer schmalen Promenade führen.

Auf einer der Loungecouches hat sich gerade ein Pärchen niedergelassen. Weiter rechts sitzt ein alter Mann, das Gesicht hinter einer Zeitung vergraben. Vor ihm auf dem Tisch stehen eine Tasse Espresso und ein kleines Glas Wasser. Ein paar Meter neben ihm unterhalten sich angeregt zwei Damen. Die eine hat ebenfalls einen Espresso und ein kleines Glas Wasser vor sich stehen, die andere ein Glas Tee. Pfefferminz wahrscheinlich, wie die Blätter verraten. Einer der Kellner kommt mit einem Teller Tapas aus dem Restaurant und stellt ihn vor den beiden Damen ab.

Mit einem Blick auf deren Teller und einer Gestik mit seinem Kopf sagt Edgar leise zu Ben: »So ein paar Tapas wären doch auch was für nachher.«

»Auf alle Fälle!«, meint Ben und richtet seinen Blick wieder auf die Boote, die sich horizontal direkt an den Anlegeplätzen vor ihnen und vertikal an den Stegen in Reih und Glied angeordnet in die Bucht hinein erstrecken.

Sie bleiben kurz stehen und Edgar nickt schmunzelnd. »Hab ich dir zu viel versprochen?« Ben schüttelt den Kopf. »Nee, haste nich.«

Edgar geht mit langsamen Schritten die drei Stufen vom Sitzbereich des Jachtklubs zur kleinen Promenade hinunter, überquert den asphaltierten Weg und bleibt am Anlegebereich direkt am Rand der Mauer vor dem Wasser stehen. Ben folgt ihm langsam. Linker und rechter Hand schaukeln Boote dicht an dicht in unterschiedlichster Größe und Aufmachung. Direkt neben ihnen führt einer von mehreren Anlegestegen, die mit einer Auflage von künstlichem Rasen versehen sind, weiter in die Bucht hinein. Ben steuert auf den Steg zu, an dessen Ende sich eine richtig große Jacht befindet, die vor dem Hintergrund der Berge fast unmerklich auf dem Wasser schaukelt. Edgar folgt Ben langsam und sie setzen sich an den Rand des Stegs, die Beine locker baumelnd. Mit einem zufriedenen Blick holt Edgar tief Luft und lässt sich nach hinten in eine Liegeposition sinken, die Hände hinter dem Kopf verschränkt. Ben setzt sich ebenfalls, stützt sich hinter sich mit beiden Händen ab und lässt seinen Blick über die vielen Boote schweifen.

Für einen Moment reden beide gar nicht. Die Wärme der Sonne fühlt sich einfach nur gut an und die Zeit scheint stehen geblieben zu sein. In der Ferne ist das Tuckern eines Boots zu hören und das Geklapper von Geschirr im Klub neben ihnen. Von woanders dringen leise Stimmen heran. Das sanfte Klatschen der Wellen an den Booten und das Knirschen der Taue, die sich in stetigem Wechsel auf Spannung ziehen und wieder nachgeben, sind die einzigen Geräusche.

»Von Nussschale bis Luxusschiff steht hier ja eigentlich alles«, stellt Ben fest, als eine kleine Gruppe Menschen von links in ihre Richtung läuft und in Hörweite kommt.

»Da hinten steht was Größeres, aber immer noch relativ klein im Vergleich zu dem, was im anderen Hafen steht«, entgegnet Edgar daraufhin und richtet sich wieder in eine Sitzposition auf. »Wie immer: Es gibt nach oben eigentlich nie eine Grenze. Man entscheidet das selber.«

»Du meinst die Grenze?«, fragt Ben und setzt sich ebenfalls wieder auf, das rechte Bein angezogen und zu Edgar hin gerichtet.

»Ja. Ich kannte mal jemanden, der eine Milliarde D-Mark besaß, und als der Euro kam, war er nicht mehr Milliardär, sondern nur Multimillionär. Kein Witz, das hat ihn wirklich deprimiert.«

Ben muss kurz lachen und Edgar erklärt: »Für Außenstehende nicht nachzuvollziehen, aber für ihn war das ein Problem. Ja. Er war aber so ehrgeizig, dass er das am Ende wieder hingekriegt hat mit der Milliarde, auch in Euro.«

»Was ist das für ein Typ gewesen?«, will Ben wissen und schaut Edgar direkt an, während die Gruppe Leute die beiden fast erreicht hat.

»Er hat Geld durch den Verkauf eines Pharmaunternehmens gemacht. Ein lieber, netter Mensch. Geld als Thema hat ihn ungeheuer fasziniert. Aber der käme für unser Personal Branding nicht infrage. In der Größenordnung wollte er nicht erkannt werden.«

»Also dann lieber undercover …«

»Ja, genau.«

»Man kann also schon sagen, dass ab einer gewissen Größenordnung und ab einem bestimmten Bekanntheitsgrad das durchaus in eine andere Richtung umschlagen kann. Was Sichtbarkeit angeht vor allen Dingen, oder?« Die Gruppe Leute bleibt am Anfang des Stegs, auf dem Edgar und Ben sitzen, stehen und unterhält sich angeregt, während sie auf die Jacht am Ende deutet und gestikuliert.

Edgar nickt. »Na gut … es gibt ja reelle Risikofaktoren: Von Überfall bis Kidnapping kommen ja ganz neue Dimensionen hinzu, an die man normalerweise nicht denkt. Ich kenne da einige in diesen Welten, die sich mit Bodyguards und gepanzerten Autos durch die Gegend bewegen müssen. Tauschen möchte ich definitiv mit keinem Einzigen davon.«

Ben nickt zustimmend und schaut zwischendurch immer wieder auf die Wasseroberfläche vor sich. Die Leute haben ihren Gang fortgesetzt und entfernen sich wieder.

»Es gibt halt immer eine Obergrenze. Was hat mal jemand gesagt? Reich ist man dann, wenn man nicht mehr schauen muss, wie teuer die Milch ist. An der Philosophie ist ein bisschen was dran. Kommst du aber zu weit nach oben, nehmen einfach die Herausforderungen, aber auch die Risiken überproportional zu.«

»Weißt du, was ich glaube?«, fragt Ben daraufhin und schaut direkt auf ein Boot, das seine Aufmerksamkeit weckt. »Ich glaube, dass … hier, die Kiste, du hast gesagt, das ist eher ein Schnellboot, oder?«

»Ja, Sunseeker. Schon ein bisschen älter, aber würde gut abgehen. Hier ist mal eine klassische Jacht. Oder … Tuckerboot.«

»Was für 'n Typ lacht sich denn so 'n Ding an?«, will Ben wissen und deutet auf ein Boot, das sichtlich seine besten Tage bereits hinter sich hat.

»Liebhaber. Es gibt ja auch Oldtimer-Fans«, entgegnet Edgar. »Ist sicher schon ein bisschen älter, das Boot hier. Und macht auch Spaß. Manche wollen schnell fahren, wie immer im Leben. Gott sei's gedankt: Jeder ist individuell. Der eine mag es gerne mit einem Schnellboot, andere – sind relativ selten – mit einem Segelboot, weil sie einfach Spaß daran haben zu segeln. Für die wäre ein Motorboot eine Katastrophe. Und andere wiederum sagen: Ich hätte gerne so ein ganz klassisches Schiff. Die Grundfunktion ist überall die gleiche, aber die Umsetzung eine andere.«

»Ich glaube, dass das, wenn es um Personen und Marken geht, durchaus zu vergleichen ist. Ich habe mir mal bei den Leuten, die als Kunden zu mir ins Büro kommen und wo es ums Thema Personal Branding geht, so eine Charakteristik überlegt. Du siehst ja schon immer wieder so ein paar Parallelen.«

»Welche?«

»Na ja, es gibt ja schon die die unterschiedlichsten Typen, was Marken angeht. Was weiß ich – ein Pfadfinder. Einer, wo du so permanent das Gefühl hast, Marke ja, der sich aber permanent neu erfinden will. Mal den Pfad wählen, für einen Moment, dann wieder eine andere Spur aufnehmen. Ich sage mal so: Im Extremfall kann der morgen Shampoo machen und übermorgen Jacken verkaufen.«

»Ja, aber wenn er das zu seiner Marke macht, würde das ja wieder funktionieren. Wobei – einer meiner Lieblingssätze: Wer sich konzentriert, der wächst. Also klappt es nur bei den wenigsten, dass sie Multitalent sind. Das muss ich auch aus eigener Erfahrung heraus bestätigen. Ich bin ja auch jemand, der bekanntlich gerne neue Wege geht, aber im Nachhinein muss ich selbstkritisch sagen: Wäre ich vielleicht ein bisschen länger dauerhaft auch bei meinen Grundthemen geblieben, wäre vielleicht noch mehr daraus geworden. Also insofern: Es gibt sicherlich Multitalente, aber die wenigsten sind ein Multitalent. Und die müssen sich darüber im Klaren sein, was sie besser können als alle anderen. Und dann sollten sie auch dabei bleiben. Insofern wäre das ein riskantes Beispiel zu sagen: Mach immer wieder was Neues. Es gibt solche Menschen. Aber ich habe ganz wenige davon kennengelernt.«

Das heißt jetzt im Klartext:

- Es gibt unterschiedliche Persönlichkeits- und damit Markentypen.
- Wer sich längere Zeit auf eine Sache konzentriert, der wächst.
- Multitalente gibt es nur sehr wenige.
- Daher gilt herauszufinden: Was kann ich besser als andere?

»Aber es kann ja auch eine Charakteristik sein«, entgegnet Ben. »Wenn ich die Begabung der Pfadfinderei habe, dann mache ich's.«

»Ja. Aber das Risiko ist, dass du nicht wirklich das auskostest, was du wirklich kannst – ich bin da auch ein klassischer Kandidat dafür. Manchmal bist du ja auch zu früh dran, und dann verlässt du den Weg wieder. Und auf einmal – ein paar Jahre später – poppt das Thema wieder hoch und dann sagst du: ›Hallo‹, oder andere sagen sogar: ›Das ist doch schon mal Thema gewesen.‹ Und man hat's ja längst verlassen, man war einfach zum falschen Zeitpunkt zu früh dran und ist nicht konsequent bei dem Thema geblieben. Also das ist für mich eine ganz wichtige persönliche Lebenserfahrung. Man sagt immer: Wenn man das mal rückwärts drehen und noch ändern könnte, wäre das einer der wesentlichen Punkte, die ich ändern würde. Es gibt so viele, die Spaß daran haben, Biene Maja zu spielen – heute die Idee, morgen die Idee, und am Freitag fragst du, was die Idee vom Montag ist, und dann kommt die Antwort: ›Was war denn Montag?‹«

Da muss Ben lachen.

»Damit kennst du dich aus, oder?«, fragt Edgar ihn.

»Wen habe ich eigentlich Montag im Coaching gehabt …?« Ben kann nicht anders, als sich selbst mit dieser Frage hochzunehmen.

»Ja, genau«, entgegnet Edgar mitlachend. »Aber das ist halt so. Ja, ich glaube, Fokus, Konzentration, Dabeibleiben, auch wenn es am Anfang – und das wird vielen so passieren – nicht funktioniert. Ich habe ja immer mein eigenes Beispiel mit dem Kundenthema, und ein Thema ist: Das Einzige, was stört, ist der Kunde. Das war drei Jahre lang nichts. Das habe ich ja schon erzählt. Und zum Glück bin ich dabeigeblieben. Ich hätte aber auch schon wieder was anderes machen können. Insofern ist das Risiko sehr hoch, wenn man permanent wechselt. Aber die Menschen sind so. Ich sage immer: Die meisten Menschen haben Spaß, Biene Maja zu spielen. Sich zu verzetteln. Und wer sich verzettelt, der schrumpft. Das ist immer wieder die Ableitung daraus.«

»Jaja, klar!«, entgegnet Ben zustimmend. Aus seiner eigenen Arbeit mit Menschen kennt er das selbst nur zu gut.

»Es liegt halt auch ein bisschen in unserem Naturell«, fährt Edgar fort. »Ich merke immer: Es gibt so Leute, die gehen schnurgerade ihren Weg. Dafür bewundere ich die. Und die räumen aus dem Weg, was vor ihnen auf den Weg geschmissen wird – von anderen oder von Rahmenbedingungen. Oder es gibt einen elften September, oder einen Lehmann Brothers-Effekt, das sind auch alles Dinge, externe Faktoren, auf die man keinen Einfluss hat. Aber die lassen sich auch davon nicht beirren, sondern gehen einfach weiter konsequent ihren Weg. Wenn's um Personal Branding geht, hast du keine zweite Chance: Entweder bist du ein Nobody, läufst im Mittelmaß durch die Gegend, hast irre viel Energie und Zeit, die du einsetzen musst, bist austauschbar – oder aber, du hast einen klaren Fokus, aber nur einen Schuss frei. Und diesen einen Schuss, den muss man sich genau überlegen. Und den muss man dann auch konsequent umsetzen. Und mal geht's schneller, weil einfach das Timing passt, und manchmal dauert es eben länger. Und das ist der Punkt.«

»Sag mal, was ja auch so Typen sind, wenn du mal so schaust … wir hatten das Thema *DSDS* und die klassischen Marken-Eintagsfliegen. Heute präsent, heute Marke, und morgen schon nicht mehr.«

»Na ja, die waren nie Marke, ganz ehrlich gesagt, ganz kritisch. Die waren ja nur Produkt einer Sendung. Die Rollenverteilung war ja genau falsch. Die waren ja auch nie als Marke vorgesehen, da hatte ja auch nie jemand wirklich Interesse dran. Sie waren fast – nein, nicht fast, sie waren definitiv austauschbar. Okay, irgendeiner von denen wird es halt – vollkommen unwichtig, wer. Wenn wir unser Publikum begeistern können, kann's uns auch egal sein, wer es dann wird. Und danach gibt's die nächste Staffel und der oder die ist dann auch schon wieder vergessen. Die Staffel oder Deutschland sucht den Superstar ist die Marke geworden.«

Ein Paar mit Kleinkind, das mit seinem Dreirad vor seinen Eltern fahrend kräftig in die Pedale tritt, läuft zügigen Fußes an Edgar und Ben vorbei. Das Kind bleibt kurz stehen und beobachtet das Geschehen, bis es von seinen Eltern eingeholt wird, die sich angeregt unterhalten. Einen Steg weiter sind zwei Männer geschäftig an einem Boot zugange und entfernen die Abdeckung.

Während Edgar seinen Blick in deren Richtung lenkt, entgegnet Ben: »Was ja schon verrückt ist, wenn man mal über Marken nachdenkt, sind so Leute wie der Dalai Lama. Markentechnisch würde man den ja schon so zu den weisen Gandalfs packen, oder?«

»Ja gut, der ist zum Beispiel nie als Marke angetreten …«

»Aber er ist zur Marke geworden.«

»Ja, und zu einer der – wenn man das mal bewerten würde – wahrscheinlich wichtigsten Persönlichkeitsmarken. Aber er ist ja angetreten, weil er eine Mission gehabt hat.«

»Ja klar!« Ben stützt sich wieder auf dem Kunstrasenbelag des Stegs ab, auf dem sie sitzen.

»Er hat eine Mission gehabt und sich seiner Mission verpflichtet gefühlt und konnte so für die Menschen ein Magnet werden«, fährt Edgar fort. »Er hat sich über Marken überhaupt keine Gedanken gemacht. Aber würde man ihn analysieren, hätte er wahrscheinlich sehr wesentliche Elemente dessen, worüber wir gerade reden, umgesetzt. Intuitiv. Manche machen ja vieles extrem intuitiv richtig. Denen sagt man dann hinterher, was sie richtiggemacht haben, und das ist dann halt so gewesen. Also, die haben schon mit ihrer Fähigkeit das Maximum rausgeholt, und dann fangen andere an und definieren, was sie gemacht haben. Das wäre beim Dalai Lama mit Sicherheit genauso, weil er ganz klar eine Mission hatte.«

Das heißt jetzt im Klartext:

- Fokussieren, konzentrieren, dranbleiben – auch wenn eine Idee am Anfang nicht funktioniert.
- Im Personal Branding hat man keine zweite Chance.
- Entweder ist man als Mittelmaß austauschbar oder setzt einen klaren Fokus auf sein Thema und zieht das konsequent und erfolgreich durch.
- Wer eine Mission hat, kann mit seiner Fähigkeit das Maximum herausholen – Stichwort: weiser Gandalf.

Zwei andere Männer, die einen Moment ganz in der Nähe gestanden und miteinander geplaudert haben, steigen nun in ihren Wagen ein und fahren weg. Ein Radfahrer fährt vorsichtig an einem älteren Paar vorbei, das langsam die Promenade entlanggeht und neben der Treppe zum Jachtklub-Restaurant stehen bleibt. Nach einem prüfenden Blick auf die Sitzplätze, die sich mittlerweile gut gefüllt haben, setzen sie ihren Gang fort.

»Mir fällt noch ein Typ, ein – Kriegsveteran. Weißt du, wer mir da einfällt, zum Thema Kriegsveteran?«, fragt Ben Edgar weiter.

»Wer denn?«

»Niki Lauda.«

Edgar überlegt kurz. »Wieso Kriegsveteran?«

»Na ja, guck doch mal«, erklärt Ben und richtet sich wieder auf, mit seinen Händen gestikulierend. »Wie ist denn der zur Marke geworden? Er war ja erst im Sportbereich und da war er schon echt gut, mehrfacher Weltmeister, und dann das Thema mit dem Unfall. Zurückgekommen, nicht mehr als Sportler, aber in der gleichen Branche. Auch der ist heute ja Marke. Nur auf einer anderen Ebene. Aber wenn man's so nimmt: Er ist ein Kriegsveteran. Er ist durch einen Unfall, wo man normalerweise sagen würde, jetzt ist Schluss ...«

»Ja, aber er hat eines clever gemacht«, stellt Edgar heraus. »Er ist in seiner Welt geblieben. Er hat einfach nur mal gewechselt. Es gab ja auch immer mal wieder Schauspieler, die zu Super-Produzenten geworden sind. Oder beispielsweise Franz Beckenbauer, den habe ich ja persönlich kennengelernt – einer der charismatischsten Menschen, die ich jemals kennengelernt habe. Und sicherlich ein begnadeter Fußballer. Aber hinterher hat er eigentlich noch viel mehr bewegt. Aber er ist sich selber immer treu geblieben – auch jemand, der sehr, sehr deutlich fokussiert seinen Weg gegangen ist.«

»Was wäre denn das für ein Typ, der Beckenbauer? Ist das ein Held, oder ... was ist das für einer?«

»Da bist du ein bisschen besser drauf mit den Begriffsdefinitionen«, gestikuliert Edgar in Bens Richtung. »Für viele ist er ein Volksheld, das muss man schon mal ganz klar so sehen. Und er war es auch während seiner aktiven Zeit als Fußballer, und er war es hinterher mindestens genauso.«

»Ich glaube, bei den Fußballleuten ist das sowieso spannend. Beim Thema Helden fällt mir natürlich gerade die Weltmeisterschaft ein. Wir haben gewonnen ... Weltmeister Deutschland ... unsere Jungs haben gespielt, die Helden der Nation ... und wie sie dann gefeiert werden, als Helden, am Brandenburger Tor, das ist ja schon ...«

»Ja, jetzt ist es aber schon auch wieder eine Weile vorbei. Und auch da gilt wieder das gleiche Thema: Es ist wie eine Aktie aus der Vergangenheit, du kannst dir nichts dafür kaufen. Und es wird wieder spannend sein: Diejenigen, die Weltmeister geworden sind, in zehn Jahren – wer wird von denen dann noch eine Rolle spielen? Und wer wird einfach verschwunden sein, wo man sich nur noch daran erinnert: Ja, er war dabei, am Brandenburger Tor. Aber es ist nichts mehr daraus geworden. Weil die Chance natürlich da ist. Das ist ja schon eine Kairos-Chance, die sich ja ganz selten wiederholen lässt, wie man ja bekanntlich weiß. Aber die Frage ist: Ist da ein Bewusstsein für vorhanden, oder hat man das einfach so hingenommen? Und es geht alles so weiter. Weil die Chance so toll ist, dass man da unter Personal-Branding-Gesichtspunkten viel mehr hätte draus machen können.«

»Märtyrer.« Ben bringt einen nächsten Markentypen ein. »Mutter Theresa, oder? Als Marke?«

»Ja …«

»Ach, und weißt du, wer mir noch einfällt? Mel Gibson in dem Film *Braveheart*. Abschlussszene, geköpft und kurz vorher noch sein Ausruf: ›Für die Freiheit!‹ Ben hält sein imaginäres Schwert in die Luft.

»Es sind ja auch viele für ihre Überzeugungen gestorben. Aber haben Märtyrer das unter dem Gesichtspunkt gemacht, den wir hier gerade diskutieren, oder sind sie eher in die Rolle mit ihren Überzeugungen reingegangen?«

»Ja gut, es ist schon halt grundsätzlich die Frage, ob, wenn du eine Marke bist, das Thema der Überzeugung nicht auch – egal, in welchem Typus von Marke du bist – immer irgendwie einen großen Kern ausmacht.«

»Na gut, sie haben ihren Antrieb, wie wir ja eingangs gesagt haben. Der Punkt ist ja: Der Antrieb ist die Grundlage dessen gewesen. Auch ein Albert Schweitzer, das Rote Kreuz … sie haben ja alle Dinge mit ihrer Mission, ihrer Überzeugung, ihrem eigenen Drive – eines meiner Lieblingsworte –, mit einem eigenen Drive getan. Und dadurch haben sie ja durchaus die Welt verändert.«

»Reinhold Messner?«

»Auch ihn habe ich mal persönlich kennengelernt. Er ist ein sehr charismatischer Mensch und ohne Zweifel ist er jemand, der definitiv zur Marke geworden ist. Einer, der sehr fokussiert immer nur sein Thema hat«, entgegnet Edgar, während der Mann, der die ganze Zeit am Ende des Stegs mit seinem Boot beschäftigt war, an ihnen vorbei wieder zurück zum Gebäude läuft und den Parkplatz ansteuert. Ebenfalls sehr fokussiert.

»Was ist denn Dieter Bohlen für 'ne Marke?«, will Ben nun wissen und verschränkt grinsend seine Arme.

Auf diese Frage muss Edgar laut loslachen. »Das ist eine gute Frage. Also, ich habe Dieter Bohlen …«

»Er ist ja schon sehr clever«, fällt Ben ihm kurz ins Wort.

»Das wollte ich gerade sagen. Mallorca ist ja auch seine Insel. Ich habe ihn öfter hier gesehen und ihn als völlig anderen Menschen kennengelernt als der, der er in der Außenrolle ist. Das ist ganz spannend. Aber man hat ihm gegenüber eine gewisse Erwartungshaltung. Und das weiß er, und die erfüllt er auch.«

»Das ist so der Rambo, ne?«, stellt Ben ein wenig herausfordernd in den Raum.

»Und das funktioniert ja offensichtlich. Das ist für mich auch so ein klassisches Beispiel – ich will ihm jetzt nicht wehtun – aber mit seinem Modern Talking war das Thema ja schon relativ lange vorbei, dann war er als Musiker und Produzent unterwegs. Aber er war auf einem absteigenden Ast! Auch er wäre irgendwann in der Versenkung verschwunden, wenn es nicht diesen berühmten Kairos-Moment gegeben hätte, dass man einen ganz gezielt gesucht hat, der genügend Kompetenz hat, aber einfach auch eine Publikumswirksamkeit, die als Magnet dient.

Und so ist man zwangsläufig auf ihn gekommen, und so ist er wieder ins Bewusstsein der Deutschen nach oben gespült worden. Entschuldigung, aber sonst würde heute keiner mehr über ihn reden. Auch hier gilt wieder: Er ist sich selber sehr treu geblieben. Ich glaube nicht, dass er sich selber beworben hat, aber er hat die Chance für sich zu nutzen gewusst – theoretisch hätte er es ja gar nicht mehr machen müssen, vermute ich mal – und dadurch wurde er zu einer Kultfigur.«

»Und da gab es ja auch sehr viele Werbesendungen, die mit ihm gedreht worden sind. Er hat einfach – ich sage mal als klassisches Beispiel – sich selbst als Marke perfektioniert«, wirft Ben ein.

»Genau deswegen … ich erkenne ja alle an, bei denen ich sage: Hut ab! Sie haben sich aus unterschiedlichen Motiven heraus als Marke etabliert. Ob ich das toll finde oder nicht toll finde … aber er hat das geschafft, was wir als das zentrale Thema einstufen. Und gleichzeitig ist er sich immer treu geblieben.«

»Ich glaube, der lebt auch massiv dieses Thema Personality. Das fühlt sich nicht aufgesetzt an«, findet Ben.

»Nee, nee, nee, das ist total authentisch. Er kann aber genauso gut auch völlig normal sein. Aber in den Sendungen muss er halt eine Erwartungshaltung erfüllen.«

»Ja klar.«

»Also macht er es einfach«, erklärt Edgar weiter. »Ist ja okay. Ich meine, ein Schauspieler tut ja letzten Endes auch das, was man von ihm erwartet. Insofern ist das doch völlig in Ordnung. Und wenn er damit Spaß hat, und das Publikum ebenfalls, ist das doch eine selbsterfüllende Prophezeiung.«

Ben möchte das ein wenig präziser herausstellen: »Das heißt aber im Klartext … Was du sagst, ist ja, dass es bei Marken zwei Richtungen gibt: Es gibt die Marken, die massiv authentisch das leben können, was sie sind, ohne dass sie das verändern müssen. Und es gibt den anderen Teil – das ist das andere Extrem –, das ist die Marke, die ein Stück weit gelebt werden muss, ich sage mal auf der Bühne, weil die Erwartung so ist, wie sie ist. Man erfüllt eine Erwartung. Aber das ist ja auch eine Entscheidung. Wenn ich weiß, dass ich auf der Bühne anders sein muss, als ich privat sein kann, muss ich mich dazu entschließen. Und die Leute, die sich dazu entschließen, sagen in der Mehrzahl der Fälle, dass es für sie in Ordnung ist. Oder?« Ben spielt den Ball wieder Edgar zu.

»Das ist schon ein ganz spannender Aspekt, den wir da beleuchten«, findet Edgar. »Nehmen wir mal Otto. Es gibt ja viele Comedians. Aber Otto war – zumindest in meiner Zeit – der Herausragende. Ich habe ihn mal privat kennengelernt, sogar hier in einem Club, und er ist privat genau das Gegenteil. Man würde niemals auf die Idee kommen, dass er einer der berühmtesten Menschen ist, die andere Menschen zum Lachen gebracht haben. Aber in dem Moment, in dem er auf die Bühne geht, ist er ein völlig anderer Mensch. Er kann also mindestens zwei Rollen extrem spielen. Die Frage ist aber: Was ist dauerhaft die bessere Situation? Ist es derjenige, der sich gar nicht verbiegen muss, der einfach das lebt, was er sowieso gerne tut – das unterstelle ich jetzt mal Dieter Bohlen –, oder ist es ein Otto, der mindestens zwei Rollen hat? Und ich glaube schon, dass die erstere Variante die bessere ist. Dass man das mit Herzen tut, authentisch, ohne sich verbiegen zu müssen, was einem am meisten Spaß macht. Ansonsten wird es nicht dauerhaft funktionieren.«

»Ja, sehe ich genauso, definitiv«, stimmt Ben zu und möchte das ein wenig genereller beschreiben. »Bleiben wir mal bei den Rednern. Es gibt Redner, die unheimlich Bock darauf haben, sich auf die Bühne zu stellen. Und wenn sie mal einen Tag nicht dort stehen, haben sie schon ein Problem damit. Es gibt aber andere, die müssen sich fast zwingen, auf die Bühne zu gehen, obwohl sie gute Redner sind. Aber die werden nicht dauerhaft so erfolgreich sein können wie diejenigen, die sagen: Das ist mein Ding. Ja, man kann sich das aneignen – doch muss es auch unbedingt zur Personality passen. Sonst funktioniert das nicht.«

Das heißt jetzt im Klartext:

- Wer im richtigen Moment seine Chance nutzt, kann mehr aus seinem Personal Branding machen.
- Mit innerer Überzeugung und Drive steht die Grundlage für die eigene Markenbildung.
- Bei Marken gibt es zwei Richtungen: Die einen leben authentisch, wer oder was sie sind – die anderen spielen eine Rolle und erfüllen Erwartungen. Hier muss man entscheiden: Ist das für mich in Ordnung?
- Wer ständig zwischen Rollen springt – und sich immer wieder verbiegen muss –, wird auf Dauer so nicht leben können.

Eine Gruppe Kinder läuft laut schnatternd an der Hafenmauer entlang und zieht mehrere Blicke auf sich. Mittlerweile sind weitere Leute eingetroffen, die sich hier und da auf ihren Booten beschäftigen. Dieser sonnige Tag scheint genau richtig, um seinen schwimmenden Untersatz langsam aus dem Winterschlaf zu wecken und die ersten Wartungs- und Reinigungsarbeiten zu erledigen.

»Es gibt ja auch viele, die sich darum kümmern, dass man ein Profi auf der Bühne wird – Tendenz sogar zunehmend«, führt Edgar Bens Gedanken fort. »Aber wenn er oder sie sich so verbiegen muss – ich kenne das von einer meiner besten Trainerkolleginnen: Sie möchte eigentlich Coach sein, aber auf der Bühne ist sie genial. Trotzdem fühlt sie sich nicht wohl in ihrer Haut. Es ist für mich klar, was da passieren wird. Da kann man nur empfehlen: Mach das, was du am meisten lebst!«

»Na klar! Also sei dir selber treu und geh dem nach, was für dich – ich benutze dieses Wort ja sehr oft – artgerecht ist.«

»Ja ich weiß. Eines deiner Lieblingsworte.«

»Das finde ich gerade, wenn es um das Thema Marke geht, grandios. Und wenn ich nun mal merke, dass ich eher ein Rambo bin als eine Mutter Theresa, dann gehört das natürlich massiv zu meiner Identität, und dann sollte ich das auch leben, weil ich mich da nicht verbiegen muss. Es fällt mir nicht schwer.«

»Ich habe mal beim Buch einer Kollegin den Untertitel ›Das Ich-bin-ich-Prinzip‹ mit reingebracht. Du musst einfach in den Spiegel schauen können und dich selber erst mal erkennen – ich glaube, das ist ja schon was ganz Entscheidendes –, und dich selber auch akzeptieren. Und dann einfach auch für dich selbst Bilanz ziehen: Was will ich – und was will ich nicht. Es ist auch manchmal ganz wichtig, eine andere Entscheidung zu treffen. Wir haben ja immer die ganzen Motivationskünstler dabei: Der Glaube versetzt Berge, die Grenzen setzen wir uns nur selber – alles ist selbsterfüllende Prophezeiung … kennen wir ja, den ganzen Kram.«

Über so viel Klartext muss Ben lachen.

Edgar fährt grinsend fort. »Die andere Seite ist: Was will ich denn nicht? Was will ich definitiv nicht – oder nicht mehr? Kann ja auch eines Tages Thema sein. Und erst dann, wenn man sich mit diesem Rollenverhalten auseinandersetzt, kommt man vielleicht zu neuen Lösungen. Am Ende geht es ja nur darum, glücklich zu sein. Es geht ja gar nicht darum, Geld zu verdienen – Geld ist etwas, was im Zweifelsfall die Anerkennung für die Leistung ist. So ist jedenfalls meine Definition immer. Phil Collins wurde mal gefragt, warum er so viel Geld gemacht hat. Und er hat gesagt: ›Keine Ahnung, ich hab immer Musik gemacht, und mir haben sie immer Geld hinten in meine Jeans reingesteckt.‹ Das war ein Originalsatz von Phil Collins. Und das habe ich bei vielen festgestellt: Die haben den Job nicht gemacht, weil sie maximal viel Geld verdienen wollten, sondern weil sie maximal Spaß gehabt haben. Zufälligerweise hat das funktioniert.«

Maximalen Spaß scheinen auch die drei Engländer zu haben, die gerade lachend aus einem Boot gestiegen sind und nun an Edgar und Ben vorbei über den Steg zurück an Land gehen. Jetzt will Ben noch ein wenig mehr über die Marke Phil Collins wissen. »Was ist denn Phil Collins für ein Typ?«

»Persönlich kenne ich ihn ja nicht. Aber … Schlagzeuger – womit wir wieder beim Thema sind …«

In Bens Lachen einstimmend, erklärt Edgar weiter. » … er war ja mal Schlagzeuger wie ich, sicherlich erfolgreicher als ich …«

»Da bin ich ja schon mal froh, dass du nicht ›Musiker‹ sagst.«

»Nee, nee. Er hat sich ja dann entschieden zu singen und hat dadurch die Welt noch mal verändert. Auch faszinierend. Aber auch er ist wieder so ein klassisches Beispiel: Er macht einfach das, was ihm am meisten Spaß macht. Ich bin mir sicher, dass sie dadurch eben halt eine eigene Glücksformel gefunden haben. Und darum geht es ja letztendlich: Dinge zu tun, wo man als Bilanz sagen kann: Es macht mir Spaß. Ich habe eine Form von Glücklichsein für mich selber erreicht. Geld ist sicherlich nicht der Schlüssel zu allem, aber man kann sich eine Menge Schlüssel davon kaufen. Ich glaube, Wolfgang Joop hat das mal gesagt.«

Ben lacht zustimmend. »Weißt du, wer mir noch einfällt? Die Markentypen-Evergreens.«

»Evergreens.«

»Weißt du, wer ein Evergreen ist?«

»Nee, keine Ahnung.«

»Thomas Gottschalk.«

»Ja, stimmt.« Edgar überlegt und schaut dabei in den strahlend blauen Himmel, der nur von ein paar einzelnen kleinen Wolkenfeldern unterbrochen wird. »Der Kerl wird ja auch nicht älter. Für mich sind das ja zwei Moderatoren – der eine ist der Günther Jauch …«

»Der gehört natürlich auch dazu, irgendwann.«

»Günther Jauch und Gottschalk. Günther Jauch habe ich selber auch mal live erlebt – die haben ein Naturtalent: Also hochsensible, intuitive Leute, die extrem super reagieren können. Das kannst du nicht lernen, das ist eine angeborene Geschichte. Und da ist Gottschalk aus meiner Sicht unangefochten die Nummer eins. Also er besitzt diese Fähigkeit – das hat ja auch den gesamten Charakter seiner Sendungen immer ausgemacht –, dass er schlagfertig ist, schnell genug reagieren konnte. Aber ich glaube, er hat das, was sein Talent gewesen ist, zu einem gigantischen Job gemacht.«

»Ja, das ist so«, stimmt Ben zu. »Ich glaube auch, dass er XXL das gelebt hat, was er kann. Und ich glaube, es gibt nur ganz wenige, die über Jahre und Jahrzehnte hinweg Gummibärchen verticken können.«

Daraufhin müssen beide lachen und Edgar stimmt seinem Freund zu. »Ja, und dass ihm das keiner übel nimmt. In der heutigen Ära muss man da ja vorsichtig sein. Jahrzehnte sind es übrigens bei ihm.«

»Jaja.«

»Jahrzehnte. Aber auch da ein ganz klassisches Beispiel: Er hat einfach aus seinem Talent, das ihm vielleicht sogar angeboren ist – ich glaube nicht, dass man das lernen kann –, quasi eine Riesenchance genutzt und ist dadurch zu einem der berühmtesten Deutschen geworden. Aber auch er ist, soweit ich das weiß, Mensch geblieben. Es gibt ja viele, die für sich in Anspruch nehmen, nicht abgehoben zu sein.«

»Ich denke auch, wenn man jetzt in Hinsicht auf Sport und den ganzen Kram, Promis und, und, und ... Wer auch Marke aus meiner Sicht geworden ist, sind sicherlich auch Leute aus der Politik wie so ein Helmut Schmidt«, wirft Ben mit Blick auf die Boote ein, von denen jedes ebenfalls etwas ganz Besonderes ist.

»Definitiv. Aber da wird's auch schon schwer: Was sind weitere Politiker? Oder die Umkehrung davon: Zielgruppe Politiker. Auch als eine Chance.«

»Klar!«

»Weil heute viele ihre Glaubwürdigkeit verloren haben, auch mit Austauschcharakter. Die Jugend kennt ja teilweise gar nicht mehr die Namen, weil die auch keine Originale mehr sind. Und da weiß man schon gar nicht mehr: Zu welcher Partei gehören sie denn nun wirklich?«

Das sieht auch Ben so. »Und wenn wir das in dem Wording nehmen: auch keine Marken an sich. Wenn man in die Politik kommt ... die Gesichter sind so austauschbar, die Aussagen, das Verhalten ... Außer jetzt vor einer Weile dieser FDP-Kollege, dieser Lindner.«

»Lindner ist wirklich megatalentiert. Ich wollte schon sagen, ich kannte Westerwelle ja auch persönlich, und mir war schon klar, dass das dauerhaft nicht funktionieren konnte. Letzten Endes ist es eigentlich schade, dass diese Partei dann völlig in der

Versenkung verschwunden ist … Ich kenne Hans-Dietrich Genscher persönlich, übrigens für mich einer der Menschen, vor denen ich immer wieder den Hut ziehe. Ich habe das immer wieder live erlebt, als wir bei einer Roadshow backstage gewesen sind. Er kommt mit seinem typischen gelben Pulli und er geht zu jedem Einzelnen hin, begrüßt ihn und sagt: ›Guten Tag, mein Name ist Genscher. Wie heißen Sie?‹ Jedes Mal wieder aufs Neue. Und ich saß mit ihm in einem Raum, weil wir auf den Auftritt warteten, und wir unterhielten uns ganz angeregt, und plötzlich öffnete sich die Tür und Reporter kamen rein. ›Gut, dass ich Sie jetzt gerade treffe, ich habe drei Fragen an Sie, Herr Genscher!‹ Da sagt er: ›Sehen Sie nicht, dass ich mich gerade mit Herrn Geffroy unterhalte? Wenn Sie Fragen haben, wenden Sie sich bitte an mein Bonner Sekretariat. Man wird mir die Fragen übermitteln, und dann werde ich sie beantworten, und jetzt wünsche ich Ihnen einen guten Tag.‹«

So viel Geradlinigkeit findet Ben richtig gut. Edgar fährt fort: »Das ist einfach ein Mann, der einen unheimlich geraden Weg gegangen ist und die Hochachtung für Menschen ganz, ganz oben ansiedelt. Und jetzt erspare mir eine Reaktion auf Herrn Westerwelle. Also …« Edgar sucht nach einer geeigneten Formulierung und schaut nach oben, als würde er hoffen, dort die richtigen Worte zu lesen, »… es war einfach erkennbar: Herr Lindner ist für mich sehr talentiert. Er wird nur wahrscheinlich keine Chance mehr haben, in der Partei weiter nach vorne zu kommen. Also, in der Partei ist er vorne, aber halt die Partei zu nutzen, um da noch einmal eine andere Rolle zu spielen.«

»Ja, ich sage mal, die, die du beschreibst, die ja auch mit diesen Prinzipien hier durchlaufen«, gestikuliert Ben und führt seine beiden Fäuste gegeneinander, »da gibt's ja auch einen Begriff: Das sind die Kamikaze-Jungs. Die als Marken durchlatschen ohne Rücksicht auf Verluste. Im schlimmsten Falle können die sogar noch selbst bei draufgehen.«

»Kamikaze hat eigentlich ein Ziel: sich selbst zu vernichten.«

»Ja, zumindest ist das dann die Folge.«

»Also, von der Grundidee her ist das ja völlig daneben. Wenn du das als Beispiel bringst, dann muss ich ganz klar sagen: Der Kamikaze-Flieger ist auf völlige Selbstvernichtung ausgerichtet. Es gibt sicher manche, die das im Kopf haben, aber denen kann ja keiner helfen.«

»Sag mal, wer war denn aus deiner Sicht Steve Jobs als Marke?«, will Ben jetzt wissen.

»Ich hab's ja schon erwähnt: Für mich ist das der Jahrhundertunternehmer. Warum? Weil er ja auch mehrfach hingefallen und immer wieder aufgestanden ist. Er ist ja menschlich, wenn man seine Biografie liest ...«

»Sozialkompetenz war ja nicht so seine Stärke.«

»Vorsichtig formuliert, ja. Er hat aber die Welt mehrfach verändert. Das ist das, was ich bei ihm so dramatisch toll finde, dass er natürlich Dinge gesehen hat, die kein anderer gesehen hat. Er hat zum Beispiel erkannt, so am Anfang – mit dem Apple Macintosh –, dass die Menschen Produkte, Computer haben wollen, die sie mühelos bedienen können. Er hat einfach Fähigkeiten besessen ... ich möchte behaupten, der hat nie eine Kundenumfrage durchgeführt, keine Kundenzufriedenheitsstudie. Er hat einfach mit seiner Fähigkeit enorm gut beobachten können und hat dann beim zweiten Mal vorausgesehen, dass das Thema Mobilität die Welt noch mal verändern wird.«

»Er ist schon ein Visionär und Pionier, oder?«

»Ein einzigartiger Adonizer. Ein Visionär der obersten Kategorie, weil er Dinge wirklich antizipieren konnte, voraussehen. Nokia hat es ja auf dem Tisch gehabt. Warum hat es Nokia nicht voraussehen können, was offensichtlich als nächster von außen einwirkender Trendfaktor kam: das Thema Mobilität?«

»Das klingt schon fast prophetisch.«

»Was heißt prophetisch? Ich glaube, er hat sich viel weniger Gedanken gemacht, als andere in ihn reinzuinterpretieren versuchen. Er hat einfach diese Fähigkeit besessen und hat sich das dann anders zusammengestellt. Das iPad war wohl drei Jahre fertig und ist nicht von ihm freigegeben worden, weil es in seinen Augen noch nicht perfekt war. Das kommt als Nächstes: Er war ja ein Perfektionist. Und er war ja auch lernfähig. Er war ja quasi schon zum Scheitern verurteilt, stand ja wirklich wenige Stunden vor einer Insolvenz. Und hatte dann als Retter Bill Gates von Microsoft, der sich ja damals mit 250, 300 Millionen, was heute ein gigantisches Milliardenvermögen wert ist, bei Apple eingekauft hat, mit dem Motiv, dass er keine Monopolstellung hat. Er hatte damals ein Monopolproblem, also hat er gesagt: ›Nehme ich lieber einen Drei-Prozent-Anbieter, der sowieso keine Rolle mehr spielt, investiere da mal 250 Millionen rein und kann überall erzählen: ›Guckt mal, ich hab doch kein Monopol.‹ Dass er damit natürlich etwas ganz anderes geschaffen hat … «

Ben nickt zustimmend. Eine kurze Pause entsteht, so als ob beide diese Gedanken erst mal sortieren wollten.

»Dann kam ja der iPod,« fährt Edgar fort, »und die Musikindustrie ist revolutioniert worden. Er hat in der Bedienung Akzente gesetzt. Das war ja immer noch nicht kritisch. Aber dann kamen als Drittes plötzlich die gesamten Smartphones – insbesondere iPhones –, die unser gesamtes Leben verändert haben. Und das sind jedes Mal Dinge, wo er, aus meiner Sicht heraus, erkennen konnte – die Vision, die Vorstellungskraft hatte –, dass da etwas ganz Großes passiert. Und so wurde das Unternehmen zum erfolgreichsten Unternehmen an der

Börse der heutigen Welt. Man sagt ja immer, Jack Welch von General Electric war auch eine Unternehmerpersönlichkeit. Aber alles nicht vergleichbar mit Steve Jobs.«

Ben überlegt kurz und schüttelt schließlich den Kopf.

»Während natürlich viele Dinge auf der Schattenseite bei ihm – sein Umgang mit Mitarbeitern zum Beispiel – offensichtlich sind. Trotzdem hat er ja die Welt verändert.«

»Ja, ganz klar.«

»Und nicht nur einmal – und das finde ich das Spannende an dem Thema – nicht einmal, sondern mehrfach. Trotzdem ist er sich ja immer selbst treu geblieben. Beim Thema Einfachheit – ob es jetzt die Maus gewesen ist, die ja von Xerox kam und gar nicht von ihm, die er dann ja nur als Lizenz eingekauft hat, über den iPod, den jeder bedienen konnte, bis zu den Smartphones mit dem Touchscreen. Er ist ja immer ganz konsequent weiter seinen Weg gegangen.«

»Fazit ist eigentlich, wenn es um das Thema Markentypen geht: Wenn ich rausgefunden habe, welcher Markentyp ich eigentlich bin – und das ist auch das, was ich meinen Kunden sage –, wenn du weißt, wer du bist, dann gehe konsequent diesen Weg. Und wenn du weißt, du bist jemand in der Schiene, mit den Fähigkeiten, in der Kategorie, das liegt dir, dann folge diesem Weg konsequent. Das ist ja das, was du auch sagst.«

»Ja. In einer der großen Bilanzen von mir ist das der zentrale Punkt: Mach dein Ding. Du musst es erst einmal erkennen, aber dann lass dich nicht … es gibt ja viele Menschen, die dich davon abbringen wollen.«

»Genau.«

»Das größte Risiko sehe ich eigentlich immer darin, wenn man plötzlich den Weg wechselt. Und vor allen Dingen, wenn man den Weg dramatisch wechselt. Das war damals, als ich aus der Angestelltenposition bei Klöckner & Co. rausging und zum Mercuri-Goldmann-Unternehmen ging. Und noch schlimmer, als ich mich selbstständig machte! Wie viele Menschen haben mir erzählt: ›Um Gottes willen, das kann nicht funktionieren! Bleib lieber auf der sicheren Seite!‹ Die Menschen wollen ja – das ist ganz wichtig – immer die Gleichheit der Meinungen um sich herum haben. Und deswegen versuchen sie, auf jeden anderen Einfluss zu nehmen. Und deshalb ist es auch so wichtig, dass man sich mit Menschen umgibt, die daran glauben, dass man diesen Weg auch gehen kann. Und ich gehe so weit, heute zu sagen, dass man sich von den Menschen trennen muss, die einem dabei nicht folgen. Das ist in dem Verlauf, wenn die Grundsatzentscheidung getroffen ist, noch viel wichtiger. Ich weiß noch, ich war als jüngstes Mitglied im Club 55 – Europas führendem Klub für Verkaufs- und Marketingexperten – aufgenommen worden, und als ich mit Clienting kam – mein Claim war ja ›Clienting ersetzt Marketing‹ – sagten die alle: ›Nenn es bitte Relationship-Marketing!‹« Und ich sagte: ›Nein, es ist mehr als Relationship-Marketing!‹ Und das ging dann nicht mehr. Ich musste rausgehen. Und ich war Gott sei Dank konsequent genug, weil man ja irgendwann auch schwankt. Ich kann doch nicht derjenige sein, der plötzlich etwas ganz Neues erfunden hat. Weil die ganzen Koryphäen um mich herum ja ganz anderer Ansicht sind. Dann kommen ja die Selbstzweifel. Hast du dann nicht Menschen um dich herum, die dich unterstützen, verlierst du wieder alles.«

Da fällt Ben ein sehr passender Bezug ein. »Um in der Sprache von *Der Herr der Ringe* zu reden: Suche dir die ordentliche Gefährtenschaft.«

»Nichts anderes geht. Schaff dir die Menschen um dich herum, die dich dabei unterstützen, deinen eigenen Weg zu gehen. Und die auch daran glauben und die dich auch bekräftigen, wenn du strauchelst – was passieren wird.«

»Ganz klar!«

»Und da ist jeder unterschiedlich – du hast ja schöne Beispiele von unterschiedlichen Typen genannt. Jeder hat dort Stärken und Schwächen. Für mich ist halt Steve Jobs ein ganz, ganz klassisches Beispiel: extreme Schwächen, aber noch mehr extreme Stärken. Aber er hat es einfach geschafft, aus seinen Stärken das rauszuholen, was meiner Überzeugung nach nur etwa alle 100 Jahre passiert.«

Das heißt jetzt im Klartext:

- Geh dem nach, was für dich artgerecht ist!
- Letztendlich geht es darum, Dinge zu tun, bei denen man am Ende sagen kann: Es hat Spaß gemacht!
- Wenn du weißt, wer du bist – welcher Markentyp du bist –, gehe konsequent deinen Weg. Und lass dich nicht abbringen.
- Umgib dich mit Menschen, die an dich glauben: Such dir eine ordentliche »Gefährtenschaft«.

Ben nimmt einen tiefen Atemzug. »Ich hab jetzt auch eine Schwäche.«

»Welche?«

»Ich muss mal auf die Toilette … Und ich hätte gerne mal 'nen Kaffee.«

»Hach ja …«

»Kriegen wir das hin?«

»Mit der Jugend kann man nimmer arbeiten.«

Ben lacht und stupst Edgar in die Seite. »Komm!«

Auf der Seite der Loungeecke im Jachtklub scheint gerade eine Sitzgruppe frei geworden zu sein, denn zwei leere Kaffeetassen und ein Glas stehen noch auf dem Tisch. Noch während Edgar und Ben diese ansteuern, kommt der Kellner mit seinem Tablett und räumt das Geschirr weg. Edgar setzt sich in den Zweisitzer und schaut Ben nach, der in den Innenbereich verschwindet. Eine leichte Brise lässt die Blätter der Fliederpalmen neben ihm rascheln, die ein wenig Sichtschutz zur Hafenseite bieten. Die Tische auf der anderen Seite des Außenbereichs haben sich mittlerweile weiter gefüllt und nur noch eine Tischgruppe ist frei. Edgar wandert mit seinem Blick über die Gäste und findet deren Individualität faszinierend. Besonders nach dem Gespräch eben mit Ben, der gerade wieder zurückkommt und auf dem Sessel neben ihm Platz nimmt, empfindet er seine Wahrnehmung noch mal ein bisschen intensiver.

Mit einem tiefen Seufzer schaut Ben seinen Freund direkt an und grinst: »Wollen wir 'nen Kaffee bestellen?«

»Lass uns auch mal in die Karte schauen. Die Tapas hier sind wirklich zu empfehlen.« Edgar reicht Ben eine der beiden Speisekarten und nimmt sich selbst die andere vor.

Sie beschließen, sich nach der kurzen Pause ein wenig die Gegend anzuschauen, denn allein das malerische Andratx hat vieles zu bieten – selbst oder besser besonders im Februar. Und durch die Tatsache, dass überall nur wenige Menschen unterwegs sind, verglichen zu den Sommermonaten bis in den Herbst hinein, ist der Aufenthalt im Moment sehr angenehm. So lassen die beiden diesen Tag ohne weitere Planung verstreichen, schlendern am Strand entlang, durch Gassen und am Hafen. Für den Abend ist lediglich ein Essen im That's Amore angedacht. Ein idealer Ausklang für einen Tag auf der Sonneninsel Mallorca, die heute ihrem Namen alle Ehre macht.

Kapitel 4

Wie werde ich zur Marke?

Zwei Gäste sitzen an der Theke, als Edgar und Ben am Abend das That's Amore betreten. Das Lokal mit seinen hellen, zum Teil aus Europaletten gebauten und weiß gestrichenen Möbeln wirkt mit seiner Beleuchtung in der mittlerweile schon fortgeschrittenen Dämmerung überaus einladend. Die Wände – zum Teil in Weiß gehalten, zum Teil mit fast schwarzer Verkleidung – bieten einen geschmackvollen Kontrast zu Boden und Mobiliar. Ein Teil des kleinen Restaurants zieht sofort Bens Aufmerksamkeit auf sich: die dunkle Wand am Ende des Raums, die von einem überdimensional großen, in einen verzierten Messingrahmen eingefassten Spiegel geschmackvoll in Szene gesetzt wird. Bei ihrem kurzen Besuch hier am Tag zuvor war ihm das gar nicht so bewusst aufgefallen. Jetzt, da die Beleuchtung die Aufgabe des Tageslichts übernommen hat, kommen solche Schätzchen überhaupt erst zur Geltung.

»Wollen wir uns da hinsetzen?«, fragt Ben daraufhin mit einer Kopfbewegung in Richtung Tisch vor dem großen Spiegel. Edgar, der nach einem herzlichen Begrüßungshändedruck mit dem Inhaber Bens Andeutung folgt, nickt zustimmend. »Ja, gerne.« Edgar steuert die Holzbank an der Wand zur Rechten an, die mit weißen Fellen aus Kunstfaser ausgelegt und mit dicken Kissen in unterschiedlichen Größen und Farben gepolstert ist. Ben nimmt auf dem Stuhl gegenüber Platz.

Den Service scheint heute Abend der Chef selbst in der Hand zu haben, der den beiden die Speisekarte mit der Frage nach einem Getränk für den Start reicht. Sie entscheiden sich für eine Flasche Wasser. Die Auswahl für das Abendessen ist ebenso schnell gefunden, denn Edgar fragt nach einer Empfehlung, ohne die Karte aufzuschlagen – mit entsprechender Weinempfehlung dazu. Ben entscheidet sich kurzerhand, sich dem anzuschließen.

Die beiden rücken sich auf ihren Sitzplätzen zurecht und tauschen sich zu den Erlebnissen dieses Tages aus. Sie sind viel gelaufen, haben vieles gesehen und vieles auf sich einwirken lassen. Das Wetter war toll mit viel Sonne und einer für Februar schon recht warmen Brise. Zum Spätnachmittag sind dann erste Wolken aufgezogen und gegen Abend hat sich dann der Himmel zugezogen. Auf dem Weg zum Restaurant hat dann leichter Nieselregen eingesetzt.

Während sich Edgar und Ben unterhalten, werden Wasser und ein Rosé gebracht. Ein junges Pärchen betritt das Lokal und setzt sich einen Tisch weiter weg in die Nähe des Ausgangs schräg gegenüber der Theke.

Ben lehnt sich entspannt zurück und lässt seinen Blick durch den Raum gleiten. Nach einem Schluck aus dem Wasserglas beugt er sich nach vorn und stützt sich auf seinen Ellbogen ab.

»Sag mal, bist du eigentlich öfter hier?«

»Ja, Stammlokal von mir.«

»Stammlokal?«, fragt Ben noch einmal mit einem Schmunzeln nach.

»Ja. Mit der Atmosphäre hier … und dem Service!«, gestikuliert Edgar zum Inhaber, der mit der Vorspeise erscheint. Zweimal Gurken-Dill-Salat.

Edgar packt sein Besteck aus der Serviette aus. »Guten Appetit!«

»Gurken-Dill-Salat … du weißt schon, dass das schwer gesund ist.«

»Deswegen bin ich ja hier«, entgegnet Edgar mit breitem Grinsen. »Vielleicht hat es ja auch Einfluss auf deine Gesundheit.«

Ben lacht. »Du weißt ja: Alles unter 500 Gramm ist Carpaccio, ne?«

»Kindergeburtstag«, fügt Edgar lachend hinzu. »Komm, da stoßen wir mal drauf an. Wir haben schon eine so schöne Zeit hier gehabt.« Ihre Weingläser klingen aneinander.

»Aber ein paar Themen haben wir noch, glaub ich, oder?«, fragt Edgar und greift nach seinem Besteck, um mit der Vorspeise zu starten.

»Ich sage mal: Eines der wichtigsten Themen, die wir bisher noch nicht hatten, ist: Wie mache ich das Ganze praktisch? Also das Thema Marke. Wie werde ich zur Marke? Auf der Theorieebene haben wir alles gesagt.«

»Auf der Psychologieebene haben wir auch sehr viel gemacht.«

Ben greift ebenfalls nach seinem Salatbesteck. »Da auch, ja. Aber die Frage ist natürlich immer: Was heißt das jetzt konkret für die Praxis? Also: Wie werde ich denn jetzt zur Marke und was habe ich da konkret zu beachten? Aus meiner Sicht ist das ein sehr individueller Part, der da zu berücksichtigen ist, und wenn wir heute über Maßnahmen reden, haben wir ja eine 15-spurige Autobahn. Also vor einigen Jahren hast du ja noch, was weiß ich, zwei Kanäle gehabt, über die du irgendwie gesendet hast und wo du irgendwie aktiv warst und heute …«

»Kann ich gerade mal Stopp sagen?«, unterbricht Edgar. »Ich glaube, das ist viel zu früh. Wenn es darum geht, eine Marke aufzubauen, ist der erste Schritt erst einmal, deine eigene Strategie zu entwickeln. Und die Strategie ist – für mich – der entscheidende Schlüsselfaktor für alles. Danach geht es um die Umsetzung, um die Vermarktung. Aber der entscheidende Schritt ist, wenn ich sage: ›Ich will zu einer Marke werden!‹, dann brauche ich eine strategische Grundlage.

Das heißt: Ich muss mir darüber im Klaren sein, was die einzelnen Schritte sind, die ich strategisch betrachten muss. Und der nächste ganz große andere Ansatz liegt eigentlich darin begründet, dass man sagt: Was ist eigentlich eine Strategie? Sie ist langjährig, darüber haben wir schon mal gesprochen, sie müsste mindestens einen Zeitraum von fünf Jahren oder länger haben.« Ben hört gespannt zu und widmet sich seiner Vorspeise, während Edgar fortfährt.

»Und das nächste Entscheidende ist: Viele haben ja eine Idee, ein Konzept, eine Vision, aber darum geht es ja gar nicht. Man muss eigentlich das System auf den Kopf stellen und dann sagen: Was ist eigentlich die Zielgruppe, die für das, was ich erreichen möchte, die interessanteste ist? Das ist das Entscheidende. Es geht noch einen Schritt weiter: Es geht nicht um eine Ziel-, sondern um eine Interessengruppe. Wo gibt es eine bestimmte Gruppe von Menschen, die ein Interesse an dem haben, was meine Fähigkeiten und Leistungen sind? Also das ist eigentlich eine Umdrehung. Die meisten denken umgekehrt: Ich habe eine tolle Idee, ich bin ein toller Typ. Und es geht eigentlich nicht darum, was ich kann oder was ich will: Ich habe eine Fähigkeit, ich habe spezielle Fähigkeiten, ich habe Know-how – aber für wen wäre das interessant? Das ist der erste Schritt.«

Das heißt jetzt im Klartext:

- Was man konkret beachten muss, wenn man zur Marke werden will, ist ein sehr individueller Part.
- Wenn man über die Maßnahmen spricht, hat man eine 15-spurige Autobahn.
- Markenaufbau fängt mit der Strategie an – und den einzelnen Schritten, die da beachtet werden müssen.
- Dafür muss man das System auf den Kopf stellen und überlegen, für wen das eigene Know-how interessant sein könnte.

»Und dann kommt für mich die ganz große zentrale Thematik«, fügt Ben ein. »Die Frage danach: Was ist für diese Interessengruppe das wichtigste brennende Problem, das ich für sie lösen könnte? Was ist deren Kittelbrennfaktor? Den Begriff verwendest du ja gerne und ich habe den bei mir mittlerweile genauso fest etabliert. Wo gibt es also einen Kittelbrennfaktor, bei dem ich, wenn ich für diese Interessengruppe antrete, etwas erreichen könnte?«

»Und dann kommt der dritte Schritt: Was ist dann die Innovation, was ist die neue Lösung, was ist – sogar noch präziser – die Nutzeninnovation? Weil es manchmal eine Innovation gibt, aber keinen Nutzen, und manchmal gibt's einen Nutzen, es ist aber nicht innovativ. Das sind drei ganz zentrale, erste – für mich strategische – Dimensionen, die geklärt werden müssen, bevor es dann an die Vermarktung geht bei dem Thema.«

»Und da reden wir über ein Schlüsselwort: Positionierung«, entgegnet Ben und nippt an seinem Glas Wein.

»Ja genau.« Auch Edgar nimmt daraufhin einen Schluck und hört Ben weiter zu.

»Strategische Positionierung ist, glaube ich, der Punkt. Ich gebe dir vollkommen recht: Das ist immer Number one. Und was ich völlig bemängele – an vielen bemängele, auch an vielen meiner Marketingkollegen, die mit den unterschiedlichsten Themen auf dem Markt unterwegs sind –, nicht nur mit dem Thema Personal Branding, sondern auch, wo es um ganz normales Marketing geht … dass die immer total schnell im Doing sind. Also bevor überhaupt mal strategisch geredet wird, sind die sofort bei dem Thema: Lass uns mal Entwürfe machen, lass uns mal hier- und darüber nachdenken, und, und, und. Also immer gleich ins Handwerk zu gehen, wo ich mich immer frage: Sagt mal, auf welcher strategischen Basis habt ihr den Kram eigentlich entwickelt?«

»Da gebe ich dir völlig recht. Im Normalfall ist das bei einer Agentur nicht der Fall. Stattdessen nehmen sie das, setzen es um und machen all die schönen Dinge, die dazugehören. Der Ansatz ist aber total spannend: Was ist eigentlich so der erste Schritt? Du sagst also, man braucht eine Positionierung. Das könnte man inzwischen fast singen. Der spannende Punkt ist – ich nenne das mal ›out-of-the-Box‹-denken: Du malst einfach so ein Quadrat und machst oben rechts einen Punkt hin. Es geht nicht um das Quadrat, also innerhalb dessen zu bleiben, was normal ist, sondern rechts oben – was ist der Punkt außerhalb? Was unterscheidet dich von allen anderen? Was ist die Innovation, an die bisher noch keiner gedacht hat? Oder was wäre ein Konzept, das jeder braucht, das es aber noch nicht gibt? Das ist doch das Spannende bei dem Thema. Positionierung ist für mich auch nur dann sinnvoll, wenn sie für eine Interessengruppe den höchsten Nutzen bietet. Und das macht die Sache spannend.«

Ben stimmt dieser Aussage nickend zu. »Obwohl ich natürlich hergehe und ganz oft sage – ich versuche es den Klienten, die ich betreue, aus dem Kopf zu prügeln: Redet nicht in einer Nutzen-Argumentation! Sondern schaut hin, welche KBFs, Kittelbrennfaktoren, vorliegen! Das ist einfach ein Begriff, den ich liebe, den ich total oft einsetze, weil die Leute das kapieren. Ich sage immer: Was sind die Pains oder die Bedürfnisse deiner Zielgruppe, die das Thema ausmachen? Da haben sich die meisten noch nie Gedanken drüber gemacht«, schließt Ben und lässt die letzte Gabel seiner Vorspeise in seinem Mund verschwinden.

Edgar lacht auf diese Bemerkung hin und erklärt den Begriff von seinem Ansatzpunkt her weiter. »Du erreichst ja auch nur dann etwas, wenn der Kittelbrennfaktor maximal hoch ist. Du hast eine tolle Idee oder eine tolle Fähigkeit, aber wenn du den Kittelbrennfaktor bei deiner Zielgruppe, deinem Ansprechpartner nicht triffst, dann passiert auch nichts. Das heißt: Auf einer Skala von null bis 100 ist die entscheidende Schlüsselfrage: Wie hoch ist der Kittelbrennfaktor? Ist der maximal hoch, knallt es durch. Ist er minimal, weil es kein Interesse dafür gibt, kannst du den vergessen. Deswegen ist das so spannend, sich mit dem Thema Strategie intensiv auseinanderzusetzen. Manchmal findet man eine Lösung schnell. Aber oft ist es so, dass man für solch eine Lösung Tage, Wochen, Monate braucht. Wichtig ist nur, dass man sich darüber im Klaren ist, dass man eine Strategie braucht.« Edgar pikst sein letztes Stück Gurkensalat auf und ist nun auch mit der Vorspeise fertig.

»Thema Kittelbrennfaktoren …«, wirft Ben seine Erfahrungen ein. »Die Formulierungen fallen den meisten echt schwer. Ich zwinge die Kunden ganz oft in den Gesprächen, wenn sie die KBFs erarbeiten sollen, dass sie in der Sprache ihrer Zielgruppe oder Klienten diese Bedürfnisse formulieren sollen. Wir haben es ja nur gelernt, aus dieser Außensicht zu sagen: Der hat das Problem. Wenn du das lösen würdest, dann würde das und das passieren. Aber sie kriegen es kaum hin, in der Sprache der Kunden und Klienten deren Probleme zu formulieren.«

Das Restaurant hat sich zwischenzeitlich weiter gefüllt. Die nächsten Gäste einer größeren Gruppe haben sich direkt am Eingang rechts niedergelassen und verwickeln den Inhaber in ein längeres Gespräch. Auch sie scheinen Stammgäste zu sein, denn die Begrüßung war herzlich und vertraut. Ein weiteres Pärchen hat genau am Tisch gegenüber der Gruppe Platz genommen. Die Frau legt ihre Jacke neben sich auf der Bank ab und steuert direkt den Weg zur Toilette an.

Auf Bens Aussage zum Thema Sprache der Kunden und deren Probleme fährt Edgar fort. »Für mich ist das ganz zentrale Wirken meiner Arbeit, was wir ja auch schon am Leuchtturm diskutiert haben: Wir haben einfach nicht den Blick durch die Augen des Kunden. Wir betrachten alles mit unseren eigenen Augen, mit unseren eigenen Erfahrungen. Und wir sehen es nicht mit den Augen unserer Kunden. Und noch weniger gehen wir im Kopf unseres Kunden spazieren, denn dann könnten wir erkennen: Was sind Defizite, was sind ihre Träume?«

Das heißt jetzt im Klartext:

- Viele wollen für ihr Personal Branding gleich ins Doing gehen, bevor erst mal die strategische Basis steht. Das kann nicht funktionieren!
- Nutzenargumentation zieht nicht. Dafür gilt: herausfinden, was der Kittelbrennfaktor der Zielgruppe ist.
- Den meisten fällt es ungemein schwer, diese Kittelbrennfaktoren aus Sicht der Kunden zu formulieren.
- Jeder muss im Kopf seines Kunden spazieren gehen.

»Es gibt ja drei Fragen, die man klären muss«, fährt Ben fort. »Erstens: Was sind die brennenden oder potenziellen Probleme des Kunden? Zweitens: Wovon träumt er nachts? Und drittens: Was sind die höchsten Motive, die ihn antreiben, etwas zu tun? Das sind drei ganz zentrale Fragen. Um nur eine dieser Fragen lösen zu können, braucht es diese out-of-the-Box-Strategie. Es scheitert aber meistens daran: Die Unternehmen haben sich darüber nie Gedanken gemacht. Diese fragen nach: Was geht in den Köpfen unserer Kunden vor? Wo brennt denen der Arsch? Wo gibt es Defizite? Wo gibt es Träume?«

»Was die ganze Sache meiner Meinung nach so spannend macht, ist ja: Ich sehe nicht die Risiken, ich sehe das Potenzial. Da ist, behaupte ich einfach mal, bei 90 Prozent der Menschen die Ichbezogenheit und nicht die Bereitschaft, die andere Seite zu sehen und daraus die Lösungen abzuleiten – auch wenn diese vielleicht nicht am gleichen Tag passieren.«

Die Dame des zuletzt hereingekommenen Pärchens läuft wieder an Ben vorbei und geht zurück zu ihrem Partner, der schon die Speisekarte aufgeschlagen hat. Am großen Tisch neben dem Eingang werden gerade Getränke serviert, während sich die Gruppe weiter angeregt unterhält.

Ben schmunzelt zu dem Bild, das zu Edgars Worten gerade in seinem Kopf entsteht. »Ich zwinge die Klienten immer, 30 KBFs zu erarbeiten und aufzuschreiben. Als Hausaufgabe. Und das gibt immer dicke Backen. Wenn wir die dann durchgehen, dann machen wir immer so fünf Beispiele …«

»Und die hören dann bei zwei auf, oder so.«

»Ja genau. Es ist unglaublich. Schon beim ersten: Wie ich soll ein Problem definieren? Und das ist, glaube ich, auch schon so ’n Ding. Wir haben es doch nur gelernt, in Lösungen und zielorientierter Sprache zu formulieren. Und ich sage immer: Nee, rede mal Problemsprache, aus der Sicht deiner Kunden. Da merkst du, dass dieser Transfer so schwierig ist, dass die das kaum auf die Reihe kriegen. Ich sage: Wenn du das machst … du musst doch die Pains deiner Kunden kennen. Du musst die Bedürfniswelt kennen.«

»Na ja, wir kommen einfach alle aus einer eigenmotivierten Welt«, findet Edgar. »Deshalb rede ich ja gerne von einem Paradigmenwechsel. Das hat funktioniert. Ist ja nicht so, als wenn es Theorie gewesen wäre. Es hat über lange Jahre, wenn nicht Jahrzehnte funktioniert. Und jetzt müssen wir uns aber auf die andere Seite stellen. Jetzt müssen wir – wenn wir diesen Expertenstatus, wenn wir eine eigene Marke werden wollen, wenn wir all das erreichen wollen, was wir uns vorstellen – über eine Brücke gehen und müssen auf der Brücke erkennen, dass wir uns plötzlich auf der anderen Seite in die Gedankenwelt derjenigen hineinversetzen müssen, die wir erreichen wollen. Und das Spannende daran ist: Die haben ja auch nicht die Lösung. Würde man Kunden fragen, kämen sie auch nicht auf die Lösung. Entscheidend wird sein, dass man das versteht, was sie wollen, und daraus eigene Lösungen entwickelt. Das finde ich so spannend bei dem Thema.«

»Hat der Salat geschmeckt?«, kommt eine Stimme von der Seite. Die beiden haben gar nicht bemerkt, dass sich ihnen jemand genähert hat.

»Ja, danke, war lecker«, antwortet Edgar auch für Ben und beobachtet, wie die Teller vom Tisch geräumt werden.

Ben fährt fort. »Wenn wir über KBFs, Bedürfnisse reden – und du hast ja den zweiten Punkt genannt, Thema Innovationen –, was sind dann die einzelnen Bausteine, mit denen ich die Bedürfnisse lindere? Die Bedürfnisse stille, das meinst du ja auch mit Innovation. Und ich glaube, dass das ein ganz elementarer Part ist, dass ich immer sage: ›Freunde, ihr seid eigentlich keine Dienstleister mit dem, was ihr macht. Ihr seid zwar Marke in dem Moment, aber ihr müsst euch einer Sache mal klar sein: Ihr seid Bedürfnislinderer.‹«

»Erklär's mir. Verstehe ich jetzt nicht.«

»Wenn du sagst, KBFs sind Pains, und die Kunden formulieren dann ihre Pains, sage ich: ›Okay, mit was lindere ich die?‹ Du hast es als Nutzen formuliert, ich sage aber: ›Ihr seid Bedürfnislinderer, in dem Moment.‹«

»Ja, okay.«

»Also … jeder Redner, jeder Autor, jeder, der irgendwie unterwegs ist – wir haben das Thema gehabt: Was will ich prägen? –, lindert im Endeffekt Pains anderer, Bedürfnisse anderer.«

»Ja gut. In meinen Worten war das quasi der Minimumfaktor: Das ist das, was eigentlich vorhanden ist, und in dem Moment, in dem du das erfüllst, trifft du auf einen Markt, wo es minimal vorhanden ist. Also in dem Fall befriedigst du dann ein Bedürfnis, was vorhanden ist, aber noch keiner so richtig entdeckt hat. Und bist dann ein Bedürfnisbefriediger, in deiner Welt. In meiner Welt ist es jemand, der sagt: Womit wächst man am schnellsten? Man wächst am schnellsten, indem man ein Bedürfnis erkennt und letzten Endes diesen minimal vorhandenen Effekt steigert. Den viel zitierten Steve Jobs noch mal rangenommen: Er hat einfach erkannt, dass das Thema Einfachheit ein Minimumfaktor ist. Dadurch, dass er dann eine Lösung dafür geschaffen hat, wie man Einfachheit für Zweijährige und 102-Jährige realisiert, wurde das Unternehmen zum erfolgreichsten Unternehmen dieser Welt.«

»Und das ist immer wieder möglich«, fügt Ben ein. »Das ist ja keine abstrakte Geschichte, keine Theorie, sondern ist für jeden Einzelnen möglich. Ich mach das jeden Tag, du machst das fast jeden Tag. Man muss einfach nur über diese Brücke gehen. Ich finde auch, das ist eine ganz essenzielle, zentrale Botschaft.«

»Genau. Aber die meisten bleiben auf der anderen Seite in ihrer eigenen Welt, und deshalb passiert da auch nichts. Deswegen können sie auch oft nicht nachvollziehen, warum Kunden – sie heißen ja Kunden, sie heißen Zuhörer, sie heißen Patienten, es gibt ja immer andere Begriffe für die andere Seite …«

»Fans«, wirft Ben ein.

»Fans, ganz genau – nicht so reagieren. Und ich glaube, das ist einfach das fehlende Verständnis, über diese Brücke, wie du sagst, rüberzugehen.«

»Das sehe ich genauso. Ich glaube, dass dieser strategische Part am Anfang – Thema Positionierung – einer der ersten Schritte sein sollte, die man klärt in puncto für wen, welches Thema. Der zweite Part sind die KBFs, also: Wo brennt der Kittel, und mit welchen Innovationen schaffe ich einen Nutzen oder stille ich ein Bedürfnis?«

Das heißt jetzt im Klartext:

- Drei Fragen gilt es zu klären:
  - Was sind die brennenden Probleme des Kunden?
  - Wovon träumt er nachts?
  - Welche Motive treiben ihn an?
- Der Transfer in Problemsprache fällt den meisten schwer.
- Wer sich als Marke verkauft, ist nicht Dienstleister, sondern Bedürfnislinderer – und lindert damit die Pains anderer.
- Um das zu erreichen, muss man seine Welt verlassen und über die Brücke in die Welt des Kunden gehen.

Der Inhaber erscheint und legt neues Besteck für den Hauptgang zurecht. Edgar möchte einen Gesichtspunkt ein wenig tiefer durchleuchten. »Lass mich noch mal ein bisschen kritischer mit dem Thema Positionierung umgehen. Im Prinzip sind wir ja d'accord: Position – und das ist das, was ich immer so schön sage – Position würde bedeuten, dass ich innerhalb des Quadrats eine Ecke sehe. Viele Werbeleute reden ja auch von einem Claim, wo sie sagen: Ich stehe in einem Quadrat, in einer Positionierung, in einer Position drin. So. Und das, was ich damit anders ausdrücken möchte, ist: Es ist oft nicht die Positionierung innerhalb des Quadrates, sondern …«

»Außerhalb.«

»… dieser eine Punkt außerhalb, ganz genau, an den noch keiner gedacht hat, weil noch keiner den Trend berücksichtigt hat zum Beispiel. Und, und, und. Das ist eigentlich für mich die Herausforderung oder die Chance. Dann hat er nicht nur eine Positionierung, sondern auch im Zweifelsfall etwas völlig Neues geschaffen.«

Ben nickt zustimmend. »Grundsätzlich ist das sicherlich ein Punkt, ich sage mal, der nicht immer funktionieren wird, weil es sicher auch Themen oder Zielgruppen oder Bereiche gibt, wo du in diesem Quadrat bleiben musst und es trotzdem schaffen kannst. Aber es ist so, dass man sagt: Was ist das, was außerhalb liegt und dich an der Stelle auch einzigartig macht?«

»Ja und man muss fairerweise sagen, und das ist ja auch die Grundidee: Es gibt Dinge, die liegen auf der Straße und die muss man einfach nur erkennen. Da muss man nicht kreativ sein, nicht innovativ sein, nicht ›out-of-the-Box‹ denken, sondern der Bedarf ist einfach da. Das passiert ja mit Produkten immer wieder. Rollerblades zum Beispiel. Auf einmal hat die ganze Welt entdeckt, dass sie Rollerblades fahren will. Gut, dauerhaft hat's nicht funktioniert. Manchmal liegt es auf der Straße und man muss es nur aufheben. Das wäre die Idee. Wie lange das funktioniert, ist dann die große Frage. Aber wenn ich über eine Marke nachdenke, und zwar ganz besonders über Personal Branding als Eigenmarke, dann wäre es schon spannend, man hätte etwas außerhalb dessen, mit dem man immer identifiziert wird und mit dem man, ich sage es ganz deutlich, eines Tages in Wikipedia steht. Und damit zitiert werden kann. Das wäre die Chance. Das wäre die Herausforderung. Was schaffe ich, womit ich irgendwann in Wikipedia stehe?«

»Das ist richtig. Ja. Und das herauszuarbeiten, ist auch der Kern, vor allem auch dieser strategische Kern, wenn es um Positionierung geht. Und das hat erst mal nichts mit Farben oder Claims zu tun, sondern ist ein ganz klarer Punkt, dass man sagt: Okay, hier geht's wirklich um strategische Dinge, sie zu erarbeiten, was ist der Punkt außerhalb des Quadrats? Was sind die Bedürfnisse, die ich lindern soll, auch mit welchen Dingen? Dann erst, in den Schritten zwei und drei, reden wir eigentlich darüber, wie das praktisch funktioniert, also: Was gibt es für praktische Dinge, wie ist die Umsetzung?«

»Ja, wie ich sie umsetze. Wie ist die Umsetzung, wie ist die Vermarktung, was sind die Konsequenzen, die ich dann daraus zu ziehen habe? Ich komme noch mal auf das Thema strategische Positionierung zurück, das für mich viel mit out-of-the-Box-Denken zu tun hat. Das ist der erste entscheidende Schritt. Aber es scheitert ja meistens daran, dass sich niemand Gedanken darüber gemacht hat: Was ist meine Strategie in fünf bis zehn Jahren und vielleicht noch darüber hinaus? Und dann koppelt man das an seine eigene Welt, seine Wünsche, seine Träume und nicht an die Bedürfnisse und Kittelbrennfaktoren der Gruppe von Menschen, denen man gefallen möchte. Erst dann kann alles andere passieren. Das machen wir auch bei unseren Coachings. Wenn man aus verschiedensten Gründen zu uns kommt, ist das immer die erste Grundlage. Wenn die Strategie nicht stimmt, ist alles andere nur Makulatur.«

»Richtig! Ich gehe sogar so gnadenlos vor, dass ich sage: Wir fangen für unsere Kunden im Doing gar nicht erst an zu arbeiten, bevor wir nicht strategisch gearbeitet haben. Also das ist für uns eine Bedingung. Weil ich einfach weiß: Wenn das positionierungstechnisch nicht geklärt ist, dann fängst du an, theoretisch für den Mülleimer zu produzieren. Das ist wie russisches Roulette.«

»Wollte ich gerade sagen. Aber russisches Roulette mit fünf Kugeln. Bei mir sind das nur vier Kugeln. Ja, das ist der springende Punkt bei dem Thema«, fügt Edgar ein und Ben muss über diese Bemerkung lachen. »Du kannst Glück haben. Es gibt ja viele Faktoren, wo viel ignoriert wird, zur richtigen Zeit an der richtigen Stelle, du findest etwas auf der Straße und hebst es auf … Aber es wird nicht dauerhaft funktionieren. Wir reden ja jetzt nicht über eine Sequenz von zwei, drei, vier, fünf Jahren, sondern wir reden über eine dauerhafte Sequenz. Und dann ist die Frage: Was ist die Substanz, was ist die Grundlage? Und was ist der strategische Ansatz des ganzen Themas?«

Ben nickt zustimmend. »Das ist auch so 'n Ding, da ärgere ich meine Marketingkollegen immer mit. Ich sage immer: Ihr seid alle Handwerker. Der Designer ist ein Handwerker, der Grafiker ist ein Handwerker, der Texter ist ein Handwerker, der PR-Mann ist ein Handwerker … ihr seid nur Handwerker. Das hören sie natürlich nicht gerne, weil sie an der Ehre gepackt werden, aber im Endeffekt sind sie nichts anderes.«

»Wie viel Prozent sind denn Strategen?«

»In der Agenturwelt?«

»Nee. Bei deinen Kunden. Wenn sie zu dir kommen.«

»Bei den Kunden? Na ja, Strategen vielleicht für andere, für sich selber nicht.«

»Ganz spannend, ne?«, findet Edgar. »Ich glaube, der Prozentsatz liegt – keine Ahnung – weit unter zehn Prozent, vielleicht sogar nur bei einem Prozent, die wirklich strategisch denken und handeln können.«

»Das ist auch eine Fähigkeit, die man entwickeln muss«, führt Ben nun weiter aus. »Wir konfrontieren die Leute ja meistens mit Dingen, die sie vorher noch nie gehört haben, vor allem nicht in der Konsequenz. Und das ist eine Fähigkeit, die man lernen muss: strategisches Denken in die Zukunft hinein, auch mit einer klaren Struktur. Und das ist eine der vielen nächsten Herausforderungen.«

»Es passiert ja wieder im Kopf. Einer meiner Lieblingssätze dazu: Erfolge entstehen im Kopf. Das heißt, du musst erst einmal erkennen: Du brauchst eine Strategie. Die Strategie kann dir plötzlich helfen. Meine Bilanz, meine Lebensbilanz – egal ob ich Angestellter war als Verkäufer oder Verkaufstrainer bei der größten Verkaufsorganisation oder selbstständig –, das ist das, wofür ich dankbar bin. Dass ich immer strategisch gedacht und gehandelt habe. Ich habe eine Fähigkeit, aber wenn ich nicht strategisch gedacht und gehandelt hätte, wäre ich heute nicht da, wo ich bin. Deswegen versuche ich ja auch jedem, egal wo ich bin, diese Grundzüge beizubringen. Weil ich spüre, dass eben 90 bis 95 Prozent aller Menschen gar nicht so ticken.«

»Nee, tun sie auch nicht«, wirft Ben ein. »Und weil auch ein Stück weit dieses Unternehmer-Gen völlig fehlt, was ich ja brauche an der Stelle. Ich sage mal: Wenn wir an den Punkt ›Ich werde Marke‹ zurückkommen, verlieren viele den Bezug dazu, sich in Erinnerung zu holen: Ich bin ja Unternehmer! Marke sein ist das eine. Aber was heißt das, dass ich jetzt auf einmal auch noch in der Rolle des Unternehmers bin? Und darin agieren muss, wo die ganzen Strategien und die ganzen Konzepte laufen. Und das sind die wenigsten. Und mein Lieblingsspruch ist: 90 Prozent haben kein unternehmerisches Denken.«

Das heißt jetzt im Klartext:

- Man muss nicht generell »out-of-the-Box« denken. Wenn der Bedarf da ist, muss man nur Mut haben und die Chance ergreifen.
- Die Positionierung muss geklärt sein und die Strategie entwickelt, sonst produziert man für den Mülleimer.
- Klienten sind eher Strategen für andere, aber nicht für sich selbst.
- Es braucht auch ein Unternehmer-Gen, denn man muss sich bei allem, was man tut, vor Augen halten: Ich bin Unternehmer!

Das Pärchen einen Tisch weiter hat vor einer Weile seine Unterhaltung eingestellt. Besonders er, der ebenso wie Edgar einen Platz an der Wand hat, scheint aufmerksam den Dialogen der beiden zu lauschen.

Auf Bens Aussage hin schaut Edgar ein wenig skeptisch und legt die Stirn in Falten. »Da bin ich etwas anderer Ansicht. Ich habe das öfter festgestellt. Wenn wir das alles so addieren, müsste eigentlich das, was wir erzählen, dazu führen, dass die Leute sagen: ›Jetzt hab ich verstanden, warum ich nix mache.‹«

Ben lacht und nippt an seinem Wein.

»Ja«, führt Edgar fort, »ich habe oft Menschen kennengelernt, die waren gar keine Unternehmer, haben aber Unternehmerkompetenz in einer sehr spannenden, schnellen Zeit erlebt. Klar holen wir sie ab. Aber ich habe es oft bei meinen Klienten und Kunden erleben dürfen, dass sie sich in kürzester Zeit unheimlich weiterentwickelt haben. Und teilweise habe ich Kunden gehabt, die börsennotierte Unternehmen aufgebaut haben. Aber die wussten am Anfang gar nicht, worum es bei dem Thema ging. Also ich glaube nicht, dass das eine Fähigkeit ist, die wie ein Gen ist – ganz ehrlich –, sondern es ist eine Fähigkeit, die man durchaus erlernen kann. Auch wieder: Es wird nicht jeder zum genialen Unternehmer werden können. Aber es ist nicht so, als wenn man das nicht lernen könnte.«

»Also ich merke das bei mir, da ist das echt völlig anders«, wendet Ben ein.

»Das ist auch der Typus. Du hast ja natürlich sehr häufig den Typus eines Trainers bei dir …«

»Oder eines Redners …«

»Oder eines Einzelkämpfers, das ist ja eine andere Welt.«

»Klar. Völlig klar.«

»Da fängt schon das ganze Thema an. Ein Unternehmer ist ja in der Regel nicht alleine. Diejenigen, die zum Beispiel in unserer Welt bleiben als Redner und lernen, Unternehmer zu werden, das sind die Erfolgreichsten in der Branche. Das muss man eindeutig sagen.«

»Es gibt aber auch sehr viele andere«, fügt Ben dazu ein. »Nehmen wir zum Beispiel Ärzte oder andere Zielgruppen – wo Unternehmersein immer eine ganz entscheidende Rolle spielt.«

»Wenn ich Unternehmer bin … was sind denn ganz entscheidende Dinge? Und ich sage heute: Wachstum. Wenn sie aus der eigenen Rolle hinausgehen, dann hat das sehr viel damit zu tun, wie sie es geschafft haben, sich ihre richtigen Mitarbeiter zu holen und damit zu wachsen.«

»Würdest du denn sagen, dass ich grundsätzlich, wenn ich zur Marke werden will, diese unternehmerische Kompetenz nicht unbedingt brauche?«, will Ben nun Edgars Standpunkt wissen.

»Nee. Nee. Wenn du keine Unternehmerkompetenz hast, hast du keine Erfolgskompetenz. Ist ein ganz wichtiger Schlüsselsatz.«

»Das ist schon so, oder?«

»Wenn du keine Unternehmerkompetenz hast, wirst du keine maximale Erfolgschance haben. Und was auch immer. Du wirst ein lieber, netter Mensch bleiben, es wird viel passieren – Unternehmerkompetenz ist eine zentrale Eigenschaft, die man aber, glaube ich, entwickeln kann. Aber hat man die nicht, verschenkt man eigentlich das gesamte Potenzial.«

»Außer, ich sage mal: Man baut sich als Marke auf und hat neben sich jemanden, der für denjenigen als Unternehmer die strategischen Geschäftsführerentscheidungen trifft.«

Die beiden Gäste, die zu Anfang schon an der Theke saßen, verlassen das Restaurant. Als sich die Tür öffnet, weht ein kräftiger Luftzug durch den Raum. Edgar und Ben schauen Richtung Tür und sehen, dass der Regen stärker geworden ist und auch der Wind ziemlich zugelegt hat, sodass die Lichter und Silhouetten draußen durch die herablaufenden Regentropen an der Glasfront des Lokals gebrochen werden und verschwimmen.

Ben wendet seinen Blick wieder Edgar zu und holt berühmte Beispiele hervor. »Nehmen wir mal einen Steve Jobs oder einen Bill Gates. Keiner der beiden war allein. Ein Steve Jobs hatte einen Steve Wozniak. Wenn du dir also anschaust, wie die einmal angefangen haben, siehst du, die haben das nicht allein getan. Du hast auch nicht ganz allein angefangen.«

»Richtig. Ich habe angefangen mit Geffroy & Oechsler. Auch nicht alleine. Ich hätte diesen Starterfolg nie gehabt, wenn ich als Edgar lieb Geffroy angefangen hätte. Und nur durch die Kombination mit einem vom Typ her auf den ersten Blick völlig anderen Menschen, nämlich Hias Oechsler, wurde mir das ermöglicht, dass ich ein Unternehmen aufbauen konnte, das in den ersten sieben Jahren durchschnittlich um 40 Prozent pro Jahr gewachsen ist. Und das führe ich heute darauf zurück, dass ich einen Partner an der Seite hatte, der die Schwächen kompensiert hatte, die ich nun einmal gehabt habe. Und so kann ich das auch weiter fortführen.«

»Und wer von euch beiden war dabei die Gallionsfigur?«, will Ben wissen. Edgar reibt sich am Kinn und denkt kurz nach. »Na ja, das war schon ich, glaub ich. Aber was heißt Gallionsfigur? Wir hatten unseren unterschiedlichen Kundenkreis, das war so das Erste, aber zwischen beiden war ich schon derjenige, der der Taktgeber war. Also, ich war der Frontrunner in dem Sinne. Er war aus meiner Sicht einer der talentiertesten Redner, die ich jemals kennengelernt habe. Ich glaube, dagegen bin ich auch heute noch nichts. Er ist leider Gottes zu früh gestorben. Ich habe noch nie einen talentierten Menschen davor oder danach erlebt, der in der Lage war, so überzeugend zu reden. Er hat sich immer gefreut, wenn ich bei seinen Vorträgen dabei war. Er hat dann immer gefragt: ›In der wievielten Minute sollen die Teilnehmer weinen?‹ Sage ich: ›In der 17.‹ Und er: ›Und wann sollen sie lachen?‹ Ich: ›In der 19. Minute.‹«

Ben muss lachen, aber Edgars Gesichtsausdruck verrät, dass er – auch wenn das unrealistisch klingen sollte – das absolut ernst meint. »Ja, du lachst. Aber die haben in der 17. Minute geweint und in der 19. gelacht. Also, er war genial. Wir konnten uns aber dadurch so unheimlich gut ergänzen. Zum Beispiel war er derjenige, der das Thema Mitarbeiterführung draufhatte. Also: Unternehmer alleine nützt auch nichts, das ist die Botschaft. Keiner gewinnt alleine. Wenn du ein Unternehmen aufbauen willst, das wächst, wirst du irgendwann merken, dass du gar nicht in der Lage bist, das alles alleine zu machen.«

Die letzten Worte gehen beiden gleichzeitig über die Lippen, denn Ben stimmt Edgar absolut zu. »Und ich glaube, was da auch rauskommt und was man auch am Markt merkt: Es gibt einen Haufen an guten Leuten, die inhaltlich – ob sie als Autoren agieren, ob sie als Redner agieren oder in anderen Settings integriert sind – richtig gut sind, die es aber aufgrund dieser nicht vorhandenen unternehmerischen Kompetenz nie richtig als Player schaffen.«

»Aber jetzt unterbreche ich mal gerade …«, bringt sich Edgar ein und nippt kurz an seinem Weinglas. »Dann könnten sie sich einen Partner suchen, der genau das hat.«

»Theoretisch schon«, erwidert Ben und nimmt ebenfalls einen Schluck Wein.

»So. Der ist vielleicht nicht der Frontrunner. Der steht vielleicht nicht so auf der Bühne und hat Spaß daran. Ich habe auch ein paar gute Beispiele aus meinem Kollegenkreis, die sich ihren Partner gesucht haben, der genau dieses Defizit wieder kompensiert hat.«

»Ich sage immer: Es gibt einen Innen- und einen Außenminister.«

»Exakt. Genau so ist es. Kann ich eins zu eins unterschreiben. Und es gibt nicht nur einen Innen- und nur einen Außenminister. Nur beides zusammen ergibt erst die Synergie. Und das ist das, was man sich bewusst machen muss. Du kannst eine Zeit lang Glück haben. Aber keiner gewinnt alleine da draußen.«

»Das ist so«, stimmt Ben zu. »Unternehmerkompetenz kann man nicht lernen. Entweder man hat sie oder man sollte sich jemanden als Partner holen, der sie hat. Weil: Stimmt die Strategie, dann schaffst du dir ja selber einen boomenden Markt. Dann schaffst du das gar nicht mehr alleine. Oder du läufst in einem solchen Hamsterrad, dass du irgendwann gesundheitlich auf der Strecke bleibst.«

»Also musst du dir von Anfang an im Klaren sein: Wenn deine Strategie aufgeht, dann wirst du wachsen müssen mit anderen Menschen.«

»Ganz klar, du wirst expandieren müssen, das geht gar nicht anders.«

»Du bist ein klassisches Beispiel dafür«, erwidert Edgar und gestikuliert in Bens Richtung.

»Jaja«, reagiert Ben und zieht kurz seine Augenbrauen hoch. »Wir haben klein angefangen. Als wir damals begonnen haben, war das ein Drei-Mann-Laden. Dann irgendwann sind wir größer geworden, und ich sage heute selber: Ich könnte den Job heute nicht machen, wenn ich mein Team nicht hätte. Das ist einfach so.«

Das heißt jetzt im Klartext:

- Wer zur Marke werden will, muss unternehmerisch kompetent sein. Unternehmerkompetenz ist also eine zentrale Eigenschaft, die man entwickeln muss.
- Hat man selbst keine unternehmerische Kompetenz, sollte man sich jemanden zur Seite holen, der strategische Geschäftsführerentscheidungen trifft.
- Es gibt einen Haufen guter Leute, die es aber aufgrund ihrer fehlenden unternehmerischen Kompetenz nie zum Player schaffen.
- Wenn die Strategie aufgeht, wird man sich mit Wachstum auseinandersetzen müssen.

Das sieht auch Edgar so. »Aber ich glaube schon, die Guten sind sich darüber im Klaren, dass sie das alleine gar nicht packen können und dass sie sich ihre Leute drum herum aussuchen müssen. Ich erlebe das oft bei Topmanagern, die ein Unternehmen verlassen, die ziehen ihre Leute quasi mit. Das heißt, sie gehen zwar, weil sie halt weggekauft worden sind, und ihre engsten Vertrauten kommen wiederum mit – weil sie sich darüber im Klaren sind, dass sie ohne ihre Leute auch nur die Hälfte wert sind, vom Thema her gesehen.«

»Ja gut. Strategie … Phase eins. Phase zwei ist ganz klar das Thema praktische Umsetzung. Ich glaube, da sind wir uns drüber einig: Ohne eine saubere Strategie und 'ne gute Basis, ein gutes Konzept, brauchen wir gar nicht über Umsetzung zu reden. Weil da einfach vieles verpuffen wird. Ich sag immer, das ist, als würde man mit einem Schrotgewehr in einen Schwarm Spatzen schießen und gucken, was runterfällt.«

»Ja gut, das ist das Thema Vermarktung«, fügt Edgar ein.

»Genau, das heißt: Du hast deine Strategie, deine Positionierung – aber sie hilft dir auch nichts, wenn außer dir keiner weiß, wie toll du bist. Ich erlebe das häufig genug, dass manche in der Vermarktung richtig gut sind, aber in der Strategie überhaupt nicht. Mit einer cleveren Vermarktung könnten die in der Lage sein, eine fehlende Strategie zumindest zeitweise zu kompensieren.«

Daraufhin nickt Edgar zustimmend. »Und die meisten sind für mich dann vollprofessionelle Egomarketingleute, so nenne ich sie ja auch gerne, die in der Lage sind, sich selber zu vermarkten. Wenn das alles steht, wenn die Voraussetzungen alle geschaffen sind, über die wir die ganze Zeit hier intensiv diskutieren, dann ist trotzdem der Prüfschlüssel für alles die Vermarktung. Und damit die Sichtbarkeit – die Sichtbarkeit, wie du immer so schön sagst – draußen.«

»Ganz klar! Und ich sag mal, heute ist das natürlich völlig anders, als das noch vor zehn Jahren der Fall war. Mein Beispiel ist da immer zu sagen: Vor zehn Jahren hattest du noch eine zweispurige Autobahn, was die Kanäle angeht, und heute ...«

»Du, vor 20 Jahren habe ich ein Buch rausgebracht – da gab es die Presse, es gab das Buch, und das Thema war durch.«

»Ende!«

»So. Und heute?«

»20 Spuren?« Ben hält beide Hände mit den Handflächen gegeneinander vor sich und verbreitert den Abstand, um die Größe zu versinnbildlichen.

»Wir sind eine kleine Firma, haben 32 – wie man so schön neudeutsch nennt – Touchpoints. Wir haben also keine zweispurige Autobahn ... wir haben eine 32-spurige Autobahn.«

»Jaja!«, stimmt Ben seinem Freund zu.

»Ich find's nicht gut – muss ich ganz ehrlich sagen –, weil es natürlich dazu führt, dass man einen sehr hohen Aufwand betreiben muss. Wir analysieren aber ganz genau, woher unsere Kunden kommen. Und die verdammte Krux an der Geschichte ist: Es gibt ein paar Favoriten – darüber können wir gleich reden –, die einen höheren Wert haben, aber es ist wirklich nicht so, dass man sagen könnte: Ich schneide die Hälfte ab und konzentriere mich auf die andere.«

Das sieht auch Ben so. »Ob du jetzt eine acht- oder zehn- oder zwölfspurige Autobahn hast, es bedeutet immer das Gleiche für dich: Du hast heute durch das Internet und durch Social Media alleine eine Verpflichtung, deine Kontaktflächen nach außen zu erhöhen. Klassische Verkäufer sagen immer: ›Mehr Kontakt bringt mehr Geschäft.‹ Das bedeutet: Reduzierst du die Anzahl deiner Kontakte, reduzierst du deine Geschäftschancen. Deshalb ist es auch so wichtig, sich darüber im Klaren zu sein: Was sind denn unsere Vermarktungswege, die wir nach draußen bringen wollen?«

»Vor 20 Jahren gab's kein Internet. 1995 hatten wir zwar unsere erste Internetseite, aber da war es ja noch nicht geschäftsrelevant, und heute ist es geschäftsrelevant, Kategorie oben«, schiebt Edgar kurz ein.

»Ganz klar! Und ich sage mal, heute ist es vor allem im Marketing, zumindest in unseren Kreisen reden wir davon, dass wir sagen: Die Maßnahmen, die wir heute machen – die Königsdisziplin sozusagen – ist einfach die Vernetzung und die crossmediale Kommunikation. Also sprich: über Presse, über Onlineportale, über Social Media, über Vernetzung von Video, Newslettern, aber auch wieder Print-Dinge – auch das Thema Haptik spielt nach wie vor eine Rolle – je nachdem, mit welchen Gruppen ich heute arbeite: Es ist nicht alles nur digital.«

»Wenn mich Kunden heute fragen: ›Was ist die erfolgreichste Strategie?‹, da habe ich immer eine Antwort, die heißt: Sowohl als auch. Das heißt: Auf der einen Seite braucht man die Touchpoints, insbesondere was Internet und Social Media anbelangt. Oder YouTube: Für mich eines der wichtigsten Kanäle. YouTube ist eine Basis, die 98 Prozent der Unternehmen ja noch gar nicht nutzen. Und ich höre es immer wieder: ›Wir haben Ihre Videos angeschaut.‹ Waren Sie auf meiner Seite?‹ ›Nein, wir waren auf YouTube.‹ Also, wenn man jetzt eine Einzelchance sieht, als Netzwerk, dann ist Video das am meisten vergessene Verkaufsthema überhaupt.«

»Interessant ist ja: Die meisten haben ihre Social-Media-Kanäle, haben ihr Internet, ihre Homepage, weil sich die Kunden immer über eine Seite informieren. Aber: Die Kontakte finden überwiegend über persönliche Kanäle statt, nach dem Motto: Musst du sehen … habe ich gehört.«

»Ja, genau so ist das auch bei uns. Empfehlungen sind nach wie vor – vielleicht sogar zunehmend, weil es ein Überangebot gibt, auch in dieser aufs Internet bezogenen Welt – der alte neue Newcomer, wenn man so will«, fügt Edgar kurz ein und nickt zustimmend.

Ben fährt fort: »Viele denken leider immer noch: Sie machen ’ne tolle Internetseite, coole Broschüren, und dann kommen die Kunden schon von ganz alleine. Nee, das ist es eben nicht alleine. Man muss auch was dafür tun, um sich als Marke einen Namen zu machen und diesen auch oben zu halten. Dass alles heute von alleine läuft, wenn der Marktauftritt erst mal steht, ist ein Ammenmärchen.«

»Alles läuft von alleine. Ja klar … das ist leider heute nicht mehr der Fall.«

»Nee, wünsch dir was … geht gar nicht. Was aber zählt, ist die Mischung. Die Mischung macht’s: Empfehlungen, persönliche Kontakte, klassische Printarbeit, wo man ein Magazin rausgibt, wo man einen Fachbericht schreibt, und das dann kombiniert mit der Internetwelt, das ist der entscheidende Punkt. Das heißt, heute ist die Vermarktung einer Person, eines Personal-Branding-Themas, einer Strategie schon ein Klavier, das man spielen muss. Das ist kein Ton mehr, sondern ein Klavier, auf dem man spielen muss, und man muss immer wieder genau beobachten: Was ist das jetzt gerade für ein Musikstück, das ich da spiele? Da wird es zu einer echten Herausforderung und Chance.«

»Und genau da ist natürlich für die meisten Ende der Fahnenstange.«

Das heißt jetzt im Klartext:

- Schaut man auf die Vermarktungskanäle, bewegen wir uns heute auf einer 15-spurigen Autobahn.
- Presse, Onlineportale, Video, Social Media, Newsletter, Publikationen … Man muss sich darüber im Klaren sein: Welche Vermarktungswege möchte ich nutzen?
- Die Königsdisziplin ist die Vernetzung der crossmedialen Kommunikation.
- Es ist ein Ammenmärchen zu denken, nur mit einem Marktauftritt liefe das Geschäft von allein!

»Ich würde sogar noch einen Schritt weiter gehen«, führt Ben seinen Gedanken direkt fort. »Ich glaube, dass es nicht nur die Frage ist, welches Stück ich spiele, sondern auch die Frage, welche Instrumente ich bediene. Im Endeffekt haben wir am Schluss ein Orchester, das da sitzt, und das würde da …«

»… noch ein Stückchen weiterspielen, ganz klar.«

»Genau. Und die unterschiedlichen Maßnahmen und Verbindungen, die da zusammensitzen ... obwohl ich glaube, der Part Video ist auch nur ein Minipart aus dem gesamten Teil, weil alleine, wenn wir über das Thema Internet nachdenken, wie wichtig eine Website heute ist, dass du auf dieses ganze Thema Mobilität heute eingehen musst ...«

»Jaja, klar.«

»Also, dass du eigentlich heute Internetseiten erst für die Mobilgeräte und dann erst für die großen Geräte baust«, schließt Ben und wirft einen kurzen Blick über seine rechte Schulter Richtung Theke, denn der Hauptgang lässt auf sich warten.

Als Edgar wieder das Wort ergreift, lässt Ben diesen Gedanken fallen und wendet sich wieder seinem Freund zu.

»Es geht noch ein Stückchen weiter«, fügt Edgar nun ein. »Das nennt man Responsive Design, dass man sagt: Eine Internetseite muss am PC so aussehen oder am Mac, muss aber auf einem Smartphone oder einer Mobile Device natürlich responsive sein. Das heißt auf Deutsch nichts anderes als lesegerecht. Ich gehe noch weiter: Ich habe seit zwei Monaten eine eigene App. Der nächste Schritt müsste also sein, dass man in die Hosentasche reinkommt. Und damit durch die Akzeptanz in der Hosentasche eine Rolle spielen könnte. Deswegen ... die Welt wird nicht einfacher. Das kann man wirklich mit einem einzigen Satz so zusammenfassen.«

»Das wird sie definitiv nicht.«

»Ob ich das will oder nicht. Das sah vor 20 Jahren wirklich anders aus. Auf der anderen Seite können wir's ja nicht ändern. Wir ändern nicht die Regeln des Erfolgs, wir können uns nur anpassen bei den Regeln, indem wir Klavier spielen und uns ins Orchester einstimmen. Es wird nicht mehr eine Unisono-Lösung sein, sondern es wird eine Kombination und Vernetzung vieler unterschiedlicher Faktoren.«

»Aber: Wer das versteht, schafft natürlich ganz andere Dimensionen«, fügt Ben ein. »Das macht das Thema ja so interessant. Jeder kann dann nämlich seine Marke, seinen Erfolg ganz anders aufbauen.«

»Bei Facebook zum Beispiel hat jeder die Chance, zum Nulltarif eine eigene Marketingabteilung zu schaffen. Das ist was, was man ja auch mal positiv betrachten muss. Auch wenn es irgendwann mal eine blöde persönliche Anfeindung gibt, über die man sich eine halbe Nacht ärgert. Aber ich habe meine eigene Marketingabteilung! Und wenn ich damit geschickt und sinnvoll umgehe … das war ja vorher nicht möglich. Kleinere Firmen haben bis heute keine Marketingabteilung. Und da sehe ich die ganzen Chancen. Und die Kombination von all dem sorgt dafür, dass der Vermarktungsprofi in eine ganz andere Dimension hineingehen kann, die war vorher nicht da.«

»Bist du ein Ego-Googler?«, will Ben wissen.

»Täglich … fast.«

Ben muss lachen und greift nach seinem Weinglas.

»Ego googeln … das hat ja nichts mit Ego in dem Sinne zu tun, sondern damit zu beobachten, was mit meinem Namen passiert, mit meiner Marke.«

»Aber du weißt schon, warum Ego-Googeln eine Notwendigkeit ist, wenn ich über das Thema Marke nachdenke?« Ben schwenkt den Inhalt seines Glases.

»Klär mich mal auf.«

»Na ja, dass ich mich selber google, ist ja nur das eine.« Ben stellt sein Glas wieder ab, ohne davon getrunken zu haben. »Aber das Entscheidende ist ja, mal zu gucken, wie … Ich sage mal so ein Beispiel: Markenaufbau, Thema Redakteure. Es gibt ja bei Google zum Beispiel oben den Menüpunkt News.«

»Ist einer der wichtigsten Aspekte, weil das für Google eines der attraktivsten Themen ist«, fügt Edgar ein.

»Und – ich sage mal – für Redakteure, die zum Beispiel recherchieren. Also: Was findet man über mich im Netz? Welche Bilder, welche Texte, welche Pressesachen und, und, und. Ich sage meinen Kunden immer: Ihr müsst gucken, dass ihr mindestens einmal oder zweimal im Monat abcheckt.«

»Ein-, zweimal im Monat, das finde ich viel zu wenig. Ich mach das zweimal die Woche! Das Spannende ist: Es gilt ja nicht nur, deinen Namen zu googeln – du kannst dir ja oben drüberschütten ›Was bin ich für ein toller Typ!‹ –, sondern die Keywords!«

»Ganz klar!«

»Wo wirst du denn mit deinen relevanten Keywords gefunden? Und das kannst du bestimmt nicht auf Monatsbasis machen, sondern fast täglich. Dann kannst du nämlich genau schauen: Was passiert denn da? Was entwickelt sich da? Und: Wie stehe ich nicht nur mit meinem Namen da – unter dem eigenen Namen gefunden zu werden, ist eine stinklangweilige Nummer. Mit meiner Lehre gefunden zu werden genauso. Aber mit den Keywords – und da gibt es dieses gigantische Optimierungspotenzial.«

»Gut, ich sage mal: Wenn jemand neu anfängt und zur Marke wird, muss er das nicht täglich machen. Aber ein alter Hase, der seit Jahren am Markt ist und Marke ist, das ist natürlich noch mal was anderes. Da sollte er permanent monitoren. Aber wenn jemand gerade erst zur Marke wird, dann muss das nicht täglich passieren.«

»Gut, vielleicht mag ich mich darin unterscheiden«, wendet Edgar ein. »Aber ich suche nicht meinen Namen, um das ganz klar zu sagen, sondern ich suche Dinge, wo ich noch nicht so da bin, wo ich hinwill. Auch nicht jeden Tag, vielleicht alle zwei, drei Tage. Aber weißt du was? Das ist doch für viele, die gerade anfangen, die gerade einsteigen, eine gigantische Chance. Bei mir ist das immer so: Meine Vorstellungsrunde, wenn ich auf die Bühne komme, wird immer länger. Und ich find's nicht mehr gut. Früher konnte ich auf die Bühne gehen und konnte gewinnen, weil ich die Leute überraschen durfte. Heute kennst du ja nur die Erwartungshaltung. Deswegen sage ich ganz einfach mal als positive Chance für einen Anfänger, für einen Beginner, der sich ganz konsequent nach dem verhält, was wir machen und ein Personal Branding aufbaut: Der hat ja ein gigantisches Potenzial! Er überrascht ja die Leute, weil er plötzlich mit einer Professionalität kommt, die keiner vorher gesehen hat.«

Das heißt jetzt im Klartext:

- Empfehlungen, persönliche Kontakte, klassische Printarbeit … kombiniert mit der Internetwelt: Die Mischung macht's. Und die ist für jeden individuell.
- Vergleichbar ist das mit der Melodie eines Orchesters, die auch nur dann ihre Wirkung erzielt, wenn die eingesetzten Instrumente aufeinander abgestimmt sind.
- Wer das versteht, schafft ganz andere Dimensionen.

Die rege Diskussion wird rapide durch das Servieren des Hauptgangs unterbrochen. Mit den Worten: »So, ich bitte um Entschuldigung …«, bekommt als Erstes Ben seinen Teller hingestellt.

»Och, du brauchst dich nicht zu entschuldigen«, entgegnet Edgar daraufhin mit einem breiten Lächeln zum Inhaber des Restaurants, der heute den Service übernimmt. »Wir sind froh, dass das Essen jetzt kommt, du.«

»Ich wollte schon fragen!«, wirft Ben lachend ein.

»Einmal die Tagliatelle mit Biolachs und Biogarnelen.« Edgar bekommt seinen Teller als Zweiter.

»Super ... danke.« Ben schaut zufrieden auf seinen Teller und dann rüber zu Edgar, der mit einer Geste auf das ansprechend angerichtete Essen zum Inhaber sagt: »Also wenn's nach dir ginge, werden wir 100 Jahre alt.«

»Ja freilich«, antwortet dieser und widmet sich dem Nachbartisch. Edgar greift nach seinem Besteck. »Guten Appetit.«

»Ja, danke.«

Zu Ben herübergebeugt, der auch nach seinem Besteck greift, beendet Edgar noch seinen Gedankengang, bevor sie sich in Ruhe ihrem Hauptgang widmen. »Also, das ist ja die Chance für diejenigen, die einsteigen, die mit der Professionalität rangehen und damit eben halt immer wieder positiv überraschen und verblüffen können. Das ist die tolle Chance. Stoßen wir auf die an, die ich als Next Generation betrachte – da ist das Chancenpotenzial.«

Kapitel 5

Wie überlebe ich als Marke?

Der Regen der Nacht hat seine Spuren hinterlassen. Auf den Liegen am Pool, die mit einem dunkelgrünen Kunststoff überzogen sind, haben sich kleine Wasserpfützen gesammelt, ebenso wie auf den zum Teil unebenen Wegen zwischen den einzelnen Apartments auf dem Hotelgelände hier in Camp de Mar. Dunkle Wolken hängen noch tief, von denen die unteren Schichten durch den Wind an den darüberliegenden vorbeizueilen scheinen. Edgar und Ben haben sich nach dem Frühstück in der Hotellobby verabredet, um den weiteren Ablauf für diesen Tag zu überlegen. Es wird der letzte ihrer gemeinsamen kurzen Auszeit sein, denn morgen werden sie am Spätnachmittag den Flieger besteigen, der sie wieder zurück nach Düsseldorf bringt.

Ben sitzt schon in einem der Sessel vor der großen Fensterfront, die einen herrlichen Blick auf die Bucht gewährt, und scrollt konzentriert auf seinem iPad, als Edgar die Lobby betritt. Er setzt sich in den Sessel neben Ben und schaut kurz gen Himmel.

»Ist ja nicht so wirklich prickelnd heute«, findet Edgar und schaut Ben mit hochgezogenen Augenbrauen an.

Ben wirft einen kurzen Blick nach draußen und wendet sich dann Edgar zu. »Hast du wohl recht.« Nach einer kurzen Pause fährt er fort. »Aber das sollte uns nicht abhalten, noch mal diesen Tag zu nutzen und uns ein bisschen was anzuschauen.«

Edgar nickt und überlegt einen Moment. »Ich kenne da noch ein paar wirklich schöne Flecken. Komm … du fährst und ich sag dir dann, wo's hingeht.«

Bisher waren Edgars Vorschläge immer top gewesen, also hat Ben auch diesmal keine Einwände und nickt zustimmend. Kurzentschlossen erheben sich die beiden aus ihren Sesseln und entscheiden, aus dem Kiosk noch etwas zum Trinken mitzunehmen.

Diesmal führt sie ihre Fahrt noch weiter ins Innere der Insel. Zwischendurch machen sie halt in malerisch gelegenen Dörfern, auf Anhöhen und Klippen, als sie zum Nachmittag hin beschließen, über den Westen der Insel wieder zurückzufahren.

»Gleich kommen wir an einem grandiosen Platz vorbei, der auch gerne von Touristen besucht wird«, wirft Edgar ein, als sie auf der Küstenstraße Richtung Camp de Mar fahren. Etwa zehn Minuten später sehen sie auf der rechten Seite, erst nur schemenhaft, dann immer deutlicher, einen Turm.

»Das ist Torre des Verger«, erklärt Edgar und gestikuliert in Richtung Fahrbahnrand, der hinter dem Aufgang zum Turm eine Reihe Parkplätze bietet. »Da kannst du dich hinstellen.« Ben lenkt den Wagen nach rechts und parkt hinter einem dort bereits abgestellten Wagen. Als sie aussteigen, bietet sich ihnen schon aus dieser Perspektive eine atemberaubende Sicht auf das Mittelmeer.

»Warte erst mal, bis du oben bist«, sagt Edgar mit einem Grinsen und einer Kopfbewegung zum Turm, der schräg rechts vor ihnen auf einem Felsvorsprung thront.

Der Torre des Verger erhebt sich vor den beiden mit jedem Schritt, den sie dem Turm aus gelbem Kalkstein näher kommen. Am Ende eines grobsandigen Vorplatzes führt eine Steintreppe recht steil hinauf zum Eingang des ehemaligen Wachturms aus dem 16. Jahrhundert, der diesen Teil der Insel vor Piratenangriffen warnen sollte. Nicht seine Höhe ist imposant, denn der Turm ist nur acht Meter hoch. Vielmehr ist es sein Standort auf diesem Felsvorsprung. Mit jeder Stufe zum Eingang wird offensichtlich, warum die Erbauer damals genau diesen Platz wählten. Edgar geht als Erster durch den Eingang in den Erker des ehemaligen Wachturms. In der Mitte führt eine steile Stahlleiter durch eine recht enge Luke in der Decke, die den Blick in den Himmel preisgibt.

»Jetzt wird's mal kurz eng, aber du wirst sehen, es lohnt sich«, entgegnet Edgar und geht als Erster die Leiter nach oben durch die Öffnung. Ben beobachtet Edgar und folgt direkt hinter ihm. Ein durchaus abenteuerlicher Aufstieg. Die Plattform ist aus demselben Kalkstein, nach oben offen und wird von einer Brüstung umgeben, die zum Meer hin nur halb so hoch wie die Seite zum Land ist. Oben angekommen, eröffnet sich den beiden ein atemberaubender Blick auf das Mittelmeer, denn der Felsen, auf dem der Turm steht, fällt an dieser Stelle steil ab.

Die Sicht ist grandios. Die ganz tief hängenden Wolken haben sich im Laufe des Tages verzogen, sodass der Himmel zwar weiterhin bewölkt ist, sich aber insgesamt die Lichtverhältnisse gebessert haben. Der Wind ist immer noch kräftig und lässt die Wolken zügig weiterziehen. Rechts und links des Turmstandorts schlängelt sich die Küste, zum Teil mit Pinien gesäumt, zum Teil felsig und wieder tief abfallend. Tief unten rauscht die Brandung gegen den schroffen Fels.

»Na, hab ich zu viel versprochen?«, fragt Edgar seinen Freund. Ben zieht den Reißverschluss seiner Jacke weiter nach oben und stellt sich mit verschränkten Armen neben Edgar. Nach einem intensiven Rundumblick wendet er sich Edgar zu.

»So, wir sind hier ja schon an einem ziemlich geilen Platz. Also ich sage mal ...«

»Schon toll, gell?«

»Die Aussicht hier aufs offene Meer ... man hört hier unten die Brandung ... das ist schon ganz großes Kino hier.«

»Auch einer der schönsten Plätze, die wir hier haben, ja«, entgegnet Edgar schmunzelnd und sichtlich zufrieden, Ben an diesem letzten Tag einen seiner persönlichen Höhepunkte der Insel zeigen zu können.

»Hammer!«, bestätigt Ben und macht eine kurze Pause. »Beim Thema Brandung fällt mir ein: Wenn man jetzt Marke geworden ist und Marke ist, ist es ja oft so, dass man in Situationen ist und in Settings hängt, wo man – ich sage mal – auch total unter Beschuss ist und auch Brandung erlebt. Wir haben ja schon über Polarisierung geredet und wir wissen, dass wir polarisieren müssen, und man steht dann auch da unter Beschuss. Und jetzt bin ich zur Marke geworden, bin vielleicht in den Anfängen und dann ...«

»Tritt man sowieso anderen auf die Füße, und damit erzeugt man eine Gegenreaktion. Ja, genau.«

»Also ich habe das bei mir noch nicht so erlebt, dass ich da völlig beschossen worden bin, aber wie ist denn das bei dir? Hast du das schon durch, oder ...?«

»Ja, immer wieder«, antwortet Edgar daraufhin. »Es sind ja mittlerweile über 20 Jahre, und am Anfang war es ja massivst und ist auch immer wiedergekommen. Als Beispiel: Das Thema Kunde ist ja mein roter Faden, und als ich angefangen habe, mich mit dem Kunden im Internet zu beschäftigen, also mit dem digitalen Kunden, ist ja auch erst ein paar Jahre her, war ja auch da wieder die massive Kritik: Was will ich noch im Internet? Mit dem Internet ist doch sowieso alles klar, da kann ja nichts Neues mehr passieren. Und da musste ich mich auch erst mal wieder wehren. Ich ärgere mich immer wieder und frage mich: Warum ist man nicht einfach offen genug und lässt erst mal neue Ideen zu? Klar, ich bin natürlich kein Digital Native, aber ich bin ein Digital Maker. Und so habe ich ja auch Lücken gefunden, bei denen mir später SEO-Gurus bestätigt haben, dass das wirklich Lücken gewesen sind. Aber letzten Endes war es auch erst mal wieder eine böse Zeit, in der ich gesagt habe: ›Leute, gebt mir doch wenigstens erst mal eine Chance, damit ich beweisen kann, dass da was drin ist, unter dem Gesichtspunkt.‹ Also insofern bin ich da durch ganz viele Wellen durchgelaufen. Und ich behaupte mal: Die nächste Welle kommt bestimmt.«

Ben nickt zustimmend und steckt die Hände in seine Hosentasche. »Also, das Überleben als Marke halte ich für ... Ich sage mal, das Werden zur Marke ist sicherlich die eine Hürde, aber ich glaube, die nächste große Hürde und sicherlich keine leichte Anforderung, ist, auch Marke zu bleiben.«

»Ich kann jetzt ja wirklich Bilanz ziehen – das sind bei mir ja schon 33, 34 Jahre. Wie schafft man es, in diesen 33, 34 Jahren präsent zu sein? So kann man das ja sicherlich bei mir sagen. Das kriegt man nur hin, wenn man die Fähigkeit besitzt, sich auch immer wieder selbst infrage zu stellen – ein ganz wichtiger Punkt –, und auch den Willen mitbringt, sich immer wieder neu zu erfinden. Es gibt einfach keine Idee, die unverändert 30 Jahre lang funktionieren kann. Also ist man gezwungen – das ist auch wieder ganz wichtig –, sich selber treu zu bleiben. Kunde und digitaler Kunde, da ist ein roter Faden drin, als Beispiel. Es ist auch meine eigene Lernerfahrung!«

»Man darf also nicht zu weit von seiner eigenen Grundkompetenz und seiner eigenen Marke weggehen, sonst verliert man wieder Glaubwürdigkeit und Akzeptanz und landet genau da, wo man niemals hinkommen sollte: in der Bedeutungslosigkeit. Denn dann hat man kein klares Profil mehr. Das ist vollkommen richtig«, stimmt Ben zu.

»Auf der anderen Seite gibt es ja auch Wellenbewegungen. Ich war vor 20 Jahren derjenige, durch den Unternehmen weltweit das Thema Kunde erkannt haben. Das war ja verrückt, weil es den Kunden ja schon vorher gab. Dann gab es eine Zeit, wo man viel gemacht hat. Dann ist das Thema Kunde auch wieder mehr in den Hintergrund gerückt, und jetzt kommt das Thema interessanterweise gerade wieder massiv überall und offensichtlich auch weltweit.«

»Das heißt also: Da sind 20 Jahre mit dem Thema, aber trotzdem Wellenbewegungen. Und da muss man immer aufpassen, dass man auch diese entsprechenden zeitlichen Timings mitnimmt, um dann zum richtigen Zeitpunkt auch mit dem richtigen neuen Anspruch zu kommen.«

»Genau, du kannst natürlich nicht das, was du vor 20 Jahren erzählt hast, unverändert weitererzählen, sondern: Heute gibt es das Internet, heute gibt es viel mehr Emotionalität, heute gibt es ganz andere Rahmenbedingungen. Das ist aber wichtig, dass man mal sagt: Du hast keine Garantie, dass eine Marke, die einmal an die Spitze gekommen ist, unverändert weiter oben bleibt.«

»Es ist nicht unweigerlich so. Es gibt sicherlich auch Beispiele, die über Jahrzehnte hinweg Marke geblieben sind und auch mit der Thematik – aber ich glaube, das sind eher die Ausnahmen, die wir da sehen.«

Das heißt jetzt im Klartext:

- Zur Marke zu werden, ist *eine* Hürde. Marke zu bleiben, ist die nächste.
- Wenn man zur Marke geworden ist und polarisiert, muss man damit rechnen, auch unter Beschuss zu geraten.
- Ideen, die 30 Jahre lang funktionieren, sind die absolute Ausnahme.
- Man sollte sich immer wieder neu erfinden.

»Ja gut, wir hatten ja auch schon einmal Thomas Gottschalk erwähnt«, fügt Edgar ein. »Der ist in einem Segment, wo er mit seiner eigenen Persönlichkeit seinen eigenen Stil geschaffen hat, und dadurch ist er ja permanent jung geblieben, im wahrsten Sinne des Wortes. Aber es gibt aus meiner Sicht da eher viel mehr Gegenteile als Beispiele. Man darf das jetzt nicht zum Referenzfall machen. Never change a running system – das ist jetzt einmal so gut geblieben und bleibt auch so? Ganz im Gegenteil. Ich spreche da immer von diesen 1000 Tagen: Eigentlich muss man schon vor diesen 1000 Tagen anfangen, also nach den ersten 700 bis 800 Tagen anfangen, zu hinterfragen, ob das, was man gerade thematisch macht, auch noch für die nächsten 1000 Tage geeignet ist. Das sind ja immer so Wellenbewegungen. Das ist das Spannende an diesem Thema.«

Ben setzt diesen Gedankengang nun mit seinen Erfahrungen fort. »Das merke ich auch, wenn ich mit Kunden arbeite, gerade wenn es um diese Frage geht: Was passiert danach? Also du installierst eine Marke, und was folgt danach, wie schafft man eine Standhaftigkeit, was ist – ich sage mal so – Viagra für die Marke? Und dann stellt sich ganz oft auch diese Frage: Mache ich das jetzt zwei Jahre? Muss ich in zwei Jahren schon wieder was Neues bringen?

Gerade so die Leute, die vor allem auch Bücher schreiben, da merke ich, die sagen: ›Gut, jetzt habe ich ein Buch geschrieben, muss ich jetzt in einem Jahr schon wieder ein neues schreiben?‹ Und ich sage dann immer: ›Nee, musst du nicht.‹ Es gibt auch Leute, die ein Buch geschrieben haben und jahrelang erfolgreich waren mit der Thematik, aber das ist echt so ein Hype irgendwie, dass viele einfach meinen, sie müssen das machen und spätestens in 18 Monaten das nächste Buch auf den Markt haben.«

»Na ja, das ist der falsche Blickwinkel – ich glaube, wir gucken falsch. Es zieht sich ja immer wieder wie ein roter Faden durch: Wir gucken mit unseren eigenen Augen.«

»Genau. Wie lange ist diese Marke eine Marke? Solange es vom Kunden eine Nachfrage gibt und solange es dafür einen Bedarf gibt. Wir gucken dabei aus unserer eigenen Sicht.«

»Du hast es gerade gesagt«, bemerkt Edgar. »Wir müssen uns also auf die andere Seite begeben und uns da die Frage stellen: Ist es in den Augen des Kunden, des Lesers, des Zuhörers, des Zuschauers noch ein zentrales Thema? Das ist auch für uns der Wendepunkt, uns wieder anzupassen, wenn es dort eine Veränderung gibt. Gibt es da keine Veränderung, gibt es auch keinen Zwang. Es ist immer wieder interessant: Wir gucken wie die Berliner Mauer aus unserer Sicht – von innen nach außen. Und man sollte eigentlich vielmehr von außen nach innen gucken. Man muss viel seismografischer sein. Man müsste vielmehr erkennen können: Wo gibt es plötzlich neue Entwicklungen, Trends, die das ja auch plötzlich ganz anders dastehen lassen? Da ist der Kunde angesichts Internet und Social Media ja auch ein ganz spannendes Thema.«

»Der Kunde ist ja immer noch der gleiche Kunde – der geht nur heute ganz anders mit dem Thema um, als er es noch vor fünf oder zehn Jahren getan hat. Das ist so.«

»Wir müssen also dafür eine Sensibilisierung entwickeln, anstelle von innen heraus nach außen. Ich glaube nicht, dass wir die Fähigkeit haben, alles für uns selber entscheiden zu können. Haben wir aber Seismografen, sind wir Pfadfinder, im Grunde genommen, dann können wir das erkennen. Das ist das Antizipieren von Trends, die mit einer hohen Wahrscheinlichkeit eintreten werden.«

»Ich merke, dass das total wenige auf dem Schirm haben. Es wird völlig unterschätzt, meiner Ansicht nach«, findet Ben.

»Deswegen gibt's ja auch nur einen Steve Jobs.«

»Das ist wohl so. Aber das haben superwenige auf dem Schirm: Was passiert eigentlich um mich herum? Sich auch diese Frage zu stellen. Zu sagen: Was will der Kunde wirklich, was will der haben? Auch – vor allen Dingen – wie lange? Rechts, links, vor allen Dingen. Wir kriegen ja auch superviel kommuniziert: ›Du, pass auf‹ – sagen wir ja auch selber –, ›Mach dein Ding‹ und, und, und! Aber jetzt merken wir auf einmal: Jetzt kommen diese Faktoren zusammen, sein Ding gefunden zu haben, sein Ding machen, aber jetzt bedarf es auch einer ordentlichen Strategie und eines guten Konzepts, um damit auch dauerhaft auf Kurs zu bleiben.«

»Und einfach eine Sensibilisierung dafür: Was verändert sich draußen, unabhängig von mir?«

»Jaja, genau das meine ich. Ein Thema, das mal völlig angesagt war, kann plötzlich weg vom Fenster sein. Wenn man in seiner eigenen Welt sein eigenes Ding macht, kann es ja auch heißen: Egal, was rechts und links passiert.«

Edgar setzt diesen Gedankengang fort: »Du weißt ja, ich bin kein großer Freund davon, dass man sich an Wettbewerbern orientiert, das war damals schon meine Kritik an der Wettbewerbsstrategie. Weil: Wenn sich alle Wettbewerber gegenseitig anschauen – das war ja im Telekommunikationsmarkt der Fall, und plötzlich taucht dann ein Steve Jobs auf, der ja im Telekommunikationsmarkt gar nichts zu suchen hatte. Das heißt, die meisten Wettbewerber – nehmen wir den Espresso – kommen ja plötzlich aus einer ganz anderen Welt, und das hat ja keiner auf dem Schirm gehabt.«

»Na klar!«

»Das heißt, du konntest alle Wettbewerber im Kaffeemarkt so lange beobachten, bis der Arzt kommt, und auf einmal schießt er an einem vorbei. Das ist meine Kritik an der Wettbewerbsstrategie. Es darf aber umgekehrt nicht zu der Entscheidung führen: Oh, Superidee, das heißt also, ich brauche mich um gar nichts zu kümmern und brauche auch meine Wettbewerber nicht zu beobachten, weil die definitiv auch nicht schlafen. Und derjenige, der der First Mover gewesen ist, hat sicherlich – in den meisten Fällen, nicht immer – eindeutige Vorteile. Auf der anderen Seite kann der Kopierer aber auch schneller kopieren und die Vorteile übernehmen, ohne die Nachteile mitnehmen zu müssen. Insofern ist es schon ganz wichtig, dass man open-minded ist, dass man einfach sein Mindset auch öffnet und sagt: Ich habe die Weisheit nicht für alle Zeiten mit Löffeln gefressen. Mein Erfolg liegt in der Fähigkeit, diese Außensensibilität, diese Intuition zu entwickeln.«

In dem Moment öffnet sich auch der Himmel und lässt von Süden her lückenweise wieder ein paar Sonnenstrahlen durch, die dort, wo sie auf die unruhige Meeresoberfläche treffen, wunderschön aufblitzen.

Das heißt jetzt im Klartext:

- Man muss sich auf die Seite des Kunden stellen, dessen Sicht einnehmen und von diesem Blickwinkel aus fragen: Ist das noch ein zentrales Thema?
- Der Kunde ändert im Laufe der Zeit den Umgang mit einem Thema.
- Was passiert um uns herum? Das muss man immer auf dem Schirm haben.
- Hat man sein »Ding« gefunden, bedarf es auch eines Konzepts und einer Strategie, um damit dauerhaft auf Kurs zu sein.

»Wie ich vorhin schon gesagt habe, glaube ich aber, dass es nicht so vielen gegeben ist wie einem Steve Jobs, der die absolute Ausnahme darstellt«, wirft Ben daraufhin ein.

»Das stimmt«, entgegnet Edgar daraufhin. »Ich glaube aber, die Kenntnis darüber, dass man sich damit auseinandersetzen müsste, erhöht schon einmal die Sensibilität. Der Punkt ist einfach, dass man sagt: ›Okay, habe ich verstanden, ich muss mich einfach viel mehr öffnen, als ich es vielleicht bisher getan habe.‹ Das führt dann schon zu anderen Lösungen. Und es gibt ja immer wieder …« Edgar sucht nach den richtigen Worten. »… Trends, die plötzlich da sind. Es steht ja fest: Die kommen ja nicht von heute auf morgen. Die Trends entstehen ja. Aber die Trends verändern ja die Menschen zum Beispiel. Oder die Produkte. Das heißt, das hat wiederum Auswirkungen auf unsere Art, erfolgreich zu sein. Diese Trends zu beobachten, ist ganz wichtig.«

»Ich denke nur, dass die meisten – das merke ich zumindest in der Beratung – die Trends nicht im Blick haben, und was sie auch nicht im Blick haben, ist immer dieses Gefühl, mit Scheuklappen rechts und links durch den Markt zu laufen.« Ben verschränkt seine Arme wieder und fährt fort. »Ich gebe dir vollkommen recht, dass man sich sicherlich nicht permanent an den Mitstreitern und Mitbewerbern orientieren muss. Aber ich glaube, was definitiv wichtig ist: Dass man ein Gefühl dafür bekommt, wie die rechts und links fahren und wie die unterwegs sind. Dass ich mich, wenn es um diese strategische Umsetzung geht, frage: Was muss ich tun, um eine Unverwechselbarkeit auch zu halten? Was passiert denn um mich herum? Ich lebe nicht auf einer Insel! Und das erlebe ich ganz oft, gerade auch bei vielen Rednern, die unterwegs sind. Wenn ich da die Frage stelle: ›Kennen Sie eigentlich Ihre Mitstreiter, was Ihr Thema angeht?‹, dann heißt es immer: ›Äh, nee.‹ Also wäre es vielleicht mal sinnvoll, sich das anzugucken.«

»Auf der Bühne stelle ich oft am Anfang die Frage: ›Wie viele von zehn Menschen haben Angst vor Veränderung?‹«

»Elf«, rät Ben und prustet los.

Edgar muss laut mitlachen. »Ja! Jetzt hast du mir meinen Gag geklaut!«

Es dauert einen Moment, bis sich die beiden wieder eingekriegt haben.

»Da habe ich ja wenigstens meinen ersten Lacher … 84 Prozent der Menschen haben Angst vor Veränderung. Wir unterhalten uns gerade über die Höhlenmenschen: Die Leute haben keine Lust, aus ihrer Höhle herauszugehen.«

»Ja klar.« Ben muss immer noch grinsen.

»Weil in dem Moment, wo die aus ihrer Höhle rausgehen, liegt ja plötzlich die große, weite Welt da draußen. Da gibt es dann plötzlich andere Wettbewerber, die auch was Gutes draufhaben. Kunden, die andere Ideen haben. Also läuft man ganz schnell wieder in die Höhle zurück – hängt ja auch mit unserem Stammhirn zusammen –, und dann heißt es: Alles in Ordnung, machen wir's am besten nicht.«

»Deswegen ist das ja auch ein ganz normaler Effekt, wenn acht von zehn Menschen Angst vor Veränderungen haben. Denn letzten Endes ist ja eine Öffnung die Voraussetzung für eine Veränderung.«

»Insofern ist es zwar ein normaler Prozess, aber wir reden ja über einen dauerhaften Erfolg«, entgegnet Edgar und fährt fort: »… nicht über ein paar glückliche Tage oder Monate oder ein, zwei, drei Jahre Erfolg. Das kann man ja heute schon sehen: Bei denjenigen, die heute Erfolg haben – ich nenne mal keine Namen –, kann ich bei manchen prognostizieren, dass sie abstürzen werden. Und damit irgendwann keine Rolle mehr spielen, wenn sie nicht selber ihre Fähigkeit aufrechterhalten, seismografisch zu beobachten, um sich dann zu erneuern.«

Ben nickt zustimmend. »Ganz klar.«

»Wir reden ja heute – eigentlich schon die ganze Zeit – sehr viel über sehr wichtige, persönliche Einstellungen und Dinge, die wir zuerst in unserem Kopf haben, bevor daraus eine Strategie und dann daraus ein Erfolg wird. Aber der entscheidende Schlüsselfaktor ist: Es gibt keine dauerhafte Garantie für Erfolg. Punkt. Und wenn das der Fall ist, dann müssen wir eine Fähigkeit entwickeln, uns rechtzeitig anzupassen. Sonst werden es andere für uns tun, und dann sind wir weg vom Fenster.«

»Das ist so. Und ich muss die Bereitschaft haben zur Veränderung. Wer mir da spontan einfällt, ist jetzt aus der Musikszene, aber wer natürlich dann Vorzeigeobjekt ist, ist sicherlich Madonna. Von ihr sagt man ja, sie habe sich permanent neu erfunden. Man hat fast das Gefühl, von Album zu Album.«

»Ja, und ich bin mir sicher – das ist jetzt eine Behauptung –, dass sie Menschen engagieren wird, die sich auch darum kümmern, was in dieser Welt passiert«, entgegnet Edgar daraufhin. »Was sind die Auswirkungen? Was sind Trends, die ich mit einbeziehen könnte?«

Das heißt jetzt im Klartext:

- Viele laufen mit Scheuklappen durch den Markt und haben nicht im Blick, was der Wettbewerb macht.
- Eine Orientierung am Wettbewerb ist aber wichtig, um die Frage zu beantworten: Wie kann ich meine Unverwechselbarkeit halten?
- Um sich vom Wettbewerb abzugrenzen, braucht es Veränderung. Doch die meisten haben Angst vor Veränderung.
- Die Öffnung ist die Voraussetzung für Veränderung.

Entfernte Stimmen dringen an die beiden heran, während Edgar fortfährt: »Wie tickt die Jugend – ein Großteil auch derjenigen, die dann letzten Endes ihre Songs kaufen werden? Was bewegt sich in den Köpfen dieser Menschen? Also dass sie sich mit 100-prozentiger Sicherheit sehr viel darum kümmern wird, was eigentlich in den Gedanken der Menschen passieren wird. Das ist ja auch eines meiner ganz großen Lebensthemen: Nicht, was wir selbst darüber denken, ist ja der entscheidende Schlüssel, sondern eben die Fähigkeit, Sensibilität zu entwickeln, was die andere Seite … nein, es gibt keine andere Seite: was die Menschen denken. Und daraus lassen sich ja auch die notwendigen Veränderungen ableiten. Und dann schafft man es vielleicht, über Jahrzehnte oben zu sein. Du hast recht, es gibt ein paar ganz wenige, die haben es geschafft, mit einer Art Musiker-Sein erfolgreich zu sein, oder Entertainer, aber eben halt sehr, sehr wenige. Und die, die dauerhaft erfolgreich waren, waren diejenigen, die sich immer wieder neu erfunden haben.«

»Du hast gerade gesagt: darauf hören, genau zuhören und integrieren, was auch andere denken«, knüpft Ben an Edgars Ausführungen an. »Da fällt mir gerade der Punkt ein: Wir haben ja auch Beispiele, wo wirklich massiv vor allen Dingen Kritik geübt worden ist. Das bleibt ja nicht aus, da haben wir ja auch schon drüber gesprochen, dass es ungemütlich werden kann, wenn wir anfangen zu polarisieren, weil wir im Endeffekt die haben, die uns lieben, und die, die uns hassen. So. Und es gibt ja Fälle – gerade bei denen, die Marke geworden sind –, dass in Facebook irgendein Shitstorm stattfindet, und ich merke das: Davor haben manche auch Schiss! Ich kriege manchmal die Anfrage: ›Du, pass mal auf, Ben, wie soll ich denn damit umgehen?‹ Und jetzt ist dies, und jetzt ist jenes … Oder auch die Panik davor, zerrissen zu werden und doch wieder in diese Gefahr zu laufen: Oh, wirst du vielleicht doch wieder Everybody's Darling? Und du könntest ja einen auf die Hose kriegen von außen, und das könnte dich kaputt machen … Wir haben solche Beispiele auch im Fernsehen, wo Leute dann wirklich jahrelang nicht mehr in der Öffentlichkeit waren und sich weggeschlossen haben, weil sie einfach völlig demontiert geworden sind.«

Die zuvor lediglich aus der Ferne dringenden Stimmen sind nun direkt im Turm unter ihnen und die Schuhgeräusche auf der Leiter verraten, dass jemand auf dem Weg zur Plattform ist. Schnell erscheint ein erster Kopf durch die enge Öffnung im Boden und ein junger Mann bahnt sich seinen Weg nach oben. Kurz hinter ihm folgen erst eine jüngere Frau und dann eine ältere. Sie platzieren sich neben Edgar zur Linken und unterhalten sich in Spanisch. Die ältere der beiden Frauen bindet ihr Halstuch enger und hält sich die Jacke fest zu, als ob das in diesem Moment besser wärmen würde.

Edgar lässt sich nur kurz ablenken, knüpft dann direkt an Bens letzten Satz an und berichtet von einem persönlichen Erlebnis. »Ja, und da brauchen wir gar nicht so weit zu gucken. Bei mir ist es mittlerweile so: Ich sage mal, alle 14 Tage, zwei Monate gibt es so ein PN, einen persönlichen Post bei mir auf Facebook. Da ist mir erst vor Kurzem um die Karnevalszeit herum was passiert. Da kam ich megagut gelaunt zurück und lese plötzlich eine völlig idiotische Notiz: einen Post, der mich massiv persönlich angegriffen hat, bei dem ich sicher war: Das kann gar nicht stimmen. Das hat mich total geärgert! Das war nachts um halb drei, ich habe mir dann noch die Zeit genommen und darauf reagiert. Und am nächsten Morgen habe ich mir gedacht: Wie doof bist du eigentlich? Da habe ich mich mal wieder hinreißen lassen, eins zu eins zu reagieren, was überhaupt keinen Sinn gemacht hat. Weil ich die Situation kenne: Du wirst immer Menschen haben, die sich mit dem, was du tust – und vielleicht genau deswegen, weil du derjenige bist, der ganz oben ist –, nicht identifizieren können. Und es auch nicht verstehen können. Und die dann irgendein Haar in der Suppe finden wollen. Und wenn du ›polarisieren‹ sagst, da tue ich mich immer noch ein bisschen schwer damit. Ich sage ja: Wer erfolgreich sein will, muss dramatisieren, weil in der Mitte einfach gar nichts funktioniert! Das ist das Entscheidende. Und wenn du etwas dramatisierst, dann hast du eine Angriffsfläche. Aber dann musst du auch selber stabil genug sein, damit umzugehen.«

»Ich kenne auch genügend Leute, die damit ein massives Problem haben«, entgegnet Ben auf die Aufrichtigkeit und Offenheit von Edgar. »Damit werden wir leben müssen, weil: Wir können nicht Everybody's Darling sein – das liegt schon in der Natur der Sache.«

»Genau. Weil du woanders stehst und andere glauben, man würde gerne an dieser Stelle stehen wollen. In jedem Unternehmen wird es, wenn du an der Stelle des Vorgesetzten bist, andere geben, die an der gleichen Stelle sein wollen.«

»Ganz klar!«

»Du musst schon stabil sein«, erklärt Edgar weiter. »Wie gesagt: Ich glaube, ich lasse mich immer noch viel zu häufig hinreißen, dass mich das total ärgert. Das kann mir das ganze Wochenende kaputt machen. Das ist eigentlich auch nicht richtig. Da habe ich zum Glück Leute um mich rum, die mich dann wieder aufbauen und mir sagen: ›Hör mal, du weißt das doch. Warum ziehst du dir diesen Schuh an?‹ Aber man wird damit rechnen müssen. Auch darauf muss man sich einstellen – das Leben ist kein Ponyhof.«

Das heißt jetzt im Klartext:

- Es gibt keine dauerhafte Garantie für Erfolg. Man muss die Fähigkeit entwickeln, sich rechtzeitig anzupassen.
- *Everybody's Darling* geht nicht. Es gibt immer wieder Menschen, die sich nicht mit einem identifizieren können.
- Man muss Angriffe auch wegstecken können.
- Von der Metaebene betrachtet, bedeutet das: Was lasse ich an mich heran und wovon distanziere ich mich?

Die drei anderen Besucher treten wieder den Abstieg an und klettern nacheinander durch die Luke nach unten.

»Und ich sage mal: Die Intensität ist manchmal auch unterschiedlich«, findet Ben. »Bei dir hast du jetzt gesagt, das ist eine Nachricht. Es gibt ja auch Fälle, die sind richtig dramatisch! Ich sage mal: Das kann man sicherlich nicht alles über einen Kamm scheren. Aber wo ich dir vollkommen recht gebe, ist: Je stabiler ich natürlich bin – auch psychisch, emotional –, und ich glaube, das ist auch ein ganz wichtiger Aspekt, wenn ich dauerhaft als Marke unterwegs sein will und Erfolg haben will, dann muss ich mir ein Stück weit auch ein dickes Fell aneignen, auch emotional. Man kennt ja so schön aus dem Coaching dieses Thema Nähe und Distanz. Also was sind die Dinge, die ich echt an mich ranlasse, und was sind die Dinge, von denen ich mich distanzieren muss? Gut, wir reden jetzt sehr aus der Metaebene darüber – wenn es einen selber betrifft, ist es natürlich ein hartes Brot.«

»Ja genau,« erwidert Edgar lachend. »Du konntest sicher gerade meine Gedanken lesen! Ich habe gerade gedacht: wunderschöne Theorie!«

Da muss auch Ben lachen, während Edgar weiterspricht. »Mach das mal mit der Distanz, wenn du so was dann in deinem Postfach findest, dann sagst du: Was ist denn das für ein Bullshit, der da gerade kommt?!«

»Genau, Bullshit-Bingo. Und ich sage immer: Der Weg von der Metaebene zum Kühlschrank ist ganz schön weit«, fügt Ben weiter lachend hinzu.

»Aber es gehört halt immer dazu: Du zahlst für das Thema einen Preis. Und du hast ja recht, das ist bei mir noch relativ wenig, und es passiert prozentual natürlich auch verdammt wenig. Aber du kannst ja heute entweder nur provozieren oder dramatisieren. Das ist der

Punkt. Und in dem Moment, in dem du entweder provozierst oder dramatisierst, eckst du an. Punkt!«

»Weil es ja auch Extreme sind«, fügt Ben hinzu.

»Aber es geht ja nicht anders!«

»Es sind Extreme. Ganz klar!«

»Deine Polarisierung im Grunde genommen noch mal mit einem anderen Wording: Und dann eckst du an. Das ist dann so. Und wenn du aneckst, musst du dir darüber im Klaren sein, dass es Ärger geben wird. Der ist vorprogrammiert. Dann kannst du nicht hinterher wieder sagen: Och, ich hab's doch gar nicht so gemeint! Leckt mich doch alle mal so 'n bisschen.«

»Du kannst nicht mehr zurückrudern! Also das, was du einmal nach draußen hin kommuniziert hast, ist nicht mehr zurückzuholen. Da erinnere ich mich – ich weiß nicht, ob du das mitgekriegt hast – an diesen Pressesprecher, damals bei der Wahl von Obama, der aus Versehen per Twitter damals ›Osama‹ geschrieben hatte. Der war seinen Job schneller los, als er bis drei zählen konnte. War auch nicht mehr zurückzuholen.«

»Oh … ja. Es gibt auch eine Schlüsselaussage, die zur Öffnung der Berliner Mauer geführt hat und auch nicht mehr zurückgeholt werden konnte.«

»Ja«, lacht Ben daraufhin in bester Erinnerung an diesen Fernsehausschnitt, der damals um die Welt ging.

»War ja auch ganz spannend. Wo er sagte: ›Das tritt nach meiner Kenntnis … ist das sofort, unverzüglich.‹ Manchmal gibt es einfach auch Sätze, die verändern die Welt und die kann man nicht mehr zurückholen. Das ist dann so. Dann muss man aber auch dazu stehen.«

»Und vor allen Dingen auch im Zeitalter der neuen Medien, wo du ruckzuck Dinge kommuniziert hast, die einfach draußen sind.«

»Ja gut, das ist ja das wirklich phänomenal Neue an dem Thema. Das merken wir ja auch hier, wir posten ja auch hier so ein paar Dinge – wir kriegen ja sofort Reaktionen. Du bist einfach in dieser Welt, die heute von Social Media wesentlich geprägt wird, nicht mehr in der Lage, Dinge ganz lange für dich selber zu behalten. Sondern du musst alles öffnen. Du bist wie ein offenes Buch, in dem ja alles geschrieben steht, wenn du in dieser Welt mitspielen willst. Und da sind – ist die gleiche Thematik – die Chancen und Risiken wieder gleich verteilt.«

»Das ist übrigens auch noch mal ein sehr gutes Stichwort zum Thema«, wirft Ben ein. »Wie überlebe ich als Marke? Du hast es gerade gesagt: ein offenes Buch. Ich glaube, einer der wichtigen Schlüsselfaktoren ist dieses Thema, dass ich nahbar bleibe für meinen Markt. Wenn ich mich dazu entscheide, Marke zu sein, entscheide ich mich auch dafür, ein offenes Buch zu sein. Und dann bin ich auch anfassbar.«

»Ja … das fällt schwer. Es ist so. In dieser Welt wird man ja auch zuerst als Mensch akzeptiert. Es gibt unterschiedliche Typen – worüber wir gesprochen haben – und du wirst als Mensch akzeptiert. Und dann musst du dich öffnen. Ich bin auch jemand, der irgendwo noch ein Stückchen Privatsphäre haben will, vom Thema her. Aber ich habe das lernen müssen durch Social Media – ich bin immer noch nicht so weit, dass ich alles poste, aber es ist heute so, dass man um einiges mehr öffnen muss, um nahbar zu sein. Damit man sich damit identifizieren kann. Und ich merke es ja auch an meinen Posts: Wenn ich mal Dinge von mir gebe, die rein privat oder persönlich sind, dann sind die Reaktionen auch ganz anders. Also die Menschen wollen heute wirklich auch den Menschen sehen, hören und zum Anfassen haben. Und je unnahbarer man ist, umso weniger ist man interessant.«

»Ich sage den Rednern, mit denen ich zu tun habe, manchmal: Ihr müsst die Leute in euer Herz gucken lassen. Das Thema der Nahbarkeit – das ist als Marke auch ganz wichtig. Also, als Marke zu überleben – und das ist, glaube ich, auch das Fazit –, ist nicht einfach, weil ich es mit den unterschiedlichsten Facetten zu tun habe, die ich berücksichtigen muss und ...«

Das heißt jetzt im Klartext:

- Ist einmal etwas kommuniziert, kann man nicht mehr zurückrudern.
- Wer als Marke überleben will, muss für den Markt nahbar bleiben.
- Wer sich entscheidet, Marke zu sein, entscheidet sich gleichzeitig dafür, wie ein *offenes Buch* zu sein. Dann ist man auch anfassbar.
- Man muss sich öffnen, um nahbar zu sein.

Edgar fällt Ben ins Wort. »Und, ich glaube noch – ich habe es ja selber erlebt: Die Gefahr ist, wenn du natürlich wirklich erfolgreich wirst, supererfolgreich – egal aus welchen Gründen, ob du jetzt zum richtigen Zeitpunkt an der richtigen Stelle gestanden hast, als der Trend gerade da war, oder das richtige Buch gehabt hast, spielt überhaupt keine Rolle –, dann läufst du ja irgendwann Gefahr, dass du wirklich blind wirst. Weil dir der Erfolg zu Kopf steigt. Und dann fängt das eigentliche Risikothema an, weil du dich gar nicht mehr öffnest und gar nicht mehr die Sensibilität hast. Und dann geht es sogar noch eine Zeit lang weiter, und dann gibt es irgendwann den Crash. Und dann darf man sich wieder hintanstellen, wenn man Glück hat, oder aber man ist sogar ganz verschwunden. Also ... Erfolg ist das Problem – oder die Herausforderung, sagen wir es mal positiv so. Der Erfolg, nach dem man so lange gestrebt hat, für den man gearbeitet hat, der macht einen halt blind für diese ganze Öffnung. Und die Signale, die ja durchaus kommen, von Freunden, Menschen und durchaus heute auch von Social Media, die nimmt man dann gar nicht so richtig wahr, weil man sagt: Ich weiß nicht, was die alle wollen. Ich bin doch der Superstar! Und dann gibt es irgendwann den Moment, wo es dann vorbei ist mit dem Superstar.«

Ben hebt das jetzt noch einmal heraus. »Und das heißt – und das ist noch ein wichtiger Punkt – da hast du gesagt, und das sehe ich absolut genauso: dass man, um Marke zu bleiben, auch immer in der Reflexion mit sich selbst sein sollte, oder vor allen Dingen die passenden Sparringspartner haben sollte, die das Mandat zum Arschtreten haben.«

»Doppelt, dreimal unterschrieben«, nickt Edgar zustimmend. »Ich spüre das ja in meinem Geschäft auch bei den Unternehmen, die gerade super sind. Und ich spüre, dass das der Höhepunkt ist und dass es von da auch nur runtergehen kann. Aber ... ich weiß genauso, dass die sich nicht öffnen. Zu dem Zeitpunkt könnte ich ihnen keine Vorschläge machen, weil sie gar nicht bereit sind: Was will der Kerl da von mir? Da wäre ich ja nur Nestbeschmutzer. So, und dann weiß man, dass die Uhr rückwärts läuft. Und dann gibt es irgendwann diesen Moment, wo man erkennen muss – das hat IBM erkannt, das hat General Electric erkannt – wo man dann erkennen muss: Entweder wir definieren uns jetzt radikal neu oder wir spielen keine Rolle mehr. Und deswegen ist heute – um bei meinen Firmenbeispielen zu bleiben – IBM ein Unternehmen, das sich ganz anders aufgestellt hat. Das ist heute eine Consultingfirma, die haben vorher Hardware verkauft. Und Nokia ist ein Unternehmen, was in der Form, in der wir es kannten, gar nicht mehr existiert. Dazwischen liegen diese Welten. Und es sind ja beides superbekannte, erfolgreiche Unternehmen – mal gewesen.«

»Also das gleiche Modell, was wir hier besprechen, kann man eins zu eins auf sich selbst als Marke oder auch auf ein Unternehmen übertragen.«

»Also es gibt immer diesen Zyklus. Die Frage ist nur: Wie ist die Offenheit? Das zu sagen, ist mir auch sehr wichtig. Das ist ja ein ganz blödes Gefühl: Du hast irre viel investiert, Zeit, Mühe, du hast die 35-Stunden-Woche direkt zweimal die Woche gemacht, das hast du alles gemacht. Und jetzt bist du plötzlich im Zenit, und jetzt musst du damit anfangen, dich wieder infrage zu stellen? Ist ja echt eine doofe Nummer.«

Dazu fällt Ben eine Situation mit einem seiner Kunden ein, die er vor einiger Zeit hatte und heute noch als sehr bemerkenswert empfindet. »Und es ist nicht einfach, weil ich dafür auch ein Stück weit über meinen Schatten springen muss. Und ich kann mich an einen Satz eines meiner Kunden erinnern, den ich sehr bemerkenswert fand, der mehrere Jahre als Marke unterwegs gewesen ist und der dann sagt: ›Ich bin heute hier, um wirklich alles infrage zu stellen und mich auf den Prüfstand zu stellen.‹ Und das fand ich sehr beeindruckend, dass er in seiner Position diese Bereitschaft hat zur Reflexion und mir in dem Moment das Mandat gegeben hat zu sagen: ›Pass mal auf, du darfst jetzt auch anfangen, mich an vielen Stellen zu demontieren und zu checken, ob es das noch ist, ob ich noch on Kurs bin.‹ Da finde ich auch: Das hier mit dem Meer ist ein schönes Bild.« Ben deutet aufs Wasser hinter Edgar, der sich umdreht und seiner Handbewegung folgt, während Ben fortfährt. »Das Thema auf Kurs bleiben funktioniert aber nur, wenn ich den Kurs auch immer wieder mal korrigiere. Wenn ich sage: Okay, ich hab ’nen Zielhafen – und wenn wir über das Thema Vermächtnis geredet haben: Wo soll die Reise hingehen?, heißt das aber ganz klar, auf Kurs zu bleiben. Auch, wenn man mal vom Kurs abgekommen ist! Aber dass es Leute geben darf, die über einen nachdenken und sagen: ›Du, pass auf – bis du noch auf Kurs?‹ Und wenn nicht, dann darf ich mich wieder neu ausrichten.«

»Ja, das ist ein schönes Wording, was du gerade gebracht hast. Das Stichwort des Sparringspartners«, findet Edgar. »Ich glaube, dass du dann auch in einer solchen Situation einen Sparringspartner brauchst, mit dem du dich einfach mal ganz offen austauschen kannst, und der nicht aus deiner direkten Nähe heraus kommt, keinerlei Interesse daran hat …«

»Ja.«

»… auch ein ganz wichtiger Aspekt …«

»Ja genau.«

»… und als Gesprächspartner die Bereitschaft mitbringt, alles infrage zu stellen. Das macht das Thema total spannend.«

»Ganz klar!«

»Und ich glaube, ich weiß sogar, wen du meinst – für mich einer der besten, renommiertesten Kollegen, den ich kenne – aber auch bei ihm haben sich die Rahmen-, die Marktbedingungen geändert. Die Kunden sind nicht mehr diejenigen … der Markt ist nicht mehr da, der früher für ihn da gewesen ist. Und daher ist die Notwendigkeit einfach da, das zu tun, was er dann letzten Endes jetzt tut.«

»Das ist 'ne Größe«, wirft Ben schmunzelnd ein. »Das ist nicht einfach, nach jahrelangem Erfolg so eine Formulierung auszusprechen. Und ich glaube, das ist ein ganz wichtiger Punkt: Wenn ich als Marke erfolgreich bleiben will, dann muss es Leute geben, die mich auch korrigieren dürfen.«

»Und bei ihm hat es 20, 25 Jahre lang funktioniert, das war wirklich totaler Wahnsinn. Er war immer ein Erfolgsbeispiel. Aber es lag nicht an ihm. Sondern die Kunden haben sich verändert, die Märkte haben sich verändert. Der Markt, der Kundenkreis, der da gewesen ist, existiert heute quasi so gut wie gar nicht mehr, und deswegen muss er sich ändern. Und deswegen hat er auch die Notwendigkeit erkannt – jetzt noch rechtzeitig, wo er noch in einer Phase ist, wo er diese Veränderung durchführen kann. Und es hat 20, 25 Jahre lang super geklappt. Aber jetzt sind die nächsten zehn, 20 Jahre angesagt, und deswegen muss er sich da noch mal neu erfinden. Und bei ihm bin ich mir sicher, dass er genau das auch tun wird.«

»Ja, bei dem Thema ›Wie bleibe ich Marke, wie bleibe ich auf Kurs?‹, und, und, und … Ich habe so einen Schmunzlersatz, den hat mein Großvater immer gesagt: ›Jung', was juckt es eine Eiche, wenn sich ein Schwein dran kratzt?‹«

»Das stimmt … ja«, lacht Edgar und stimmt damit in Bens Gelächter ein.

»Und das braucht's, glaube ich, auch 'n bisschen«, findet Ben.

»Ja«, erwidert Edgar. »Fällt einem manchmal nicht so leicht, aber im Grunde genommen ist das richtig. Ich glaube, jetzt genießen wir hier noch so 'n bisschen die Aussicht, oder? Also, wenn ich mir das so anschaue … ist schon dramatisch.« Edgar macht eine kurze Pause und schaut kurz aufs Meer. Dann wendet er sich Ben zu und meint: »Ich glaube, wir haben heute eine ganze Menge Höhen erklommen hier, oder?«

»Ich glaub schon«, entgegnet Ben. »Und 'ne Menge Brandungsthemen.«

Das heißt jetzt im Klartext:

- Um Marke zu bleiben, sollte man die passenden Sparringspartner mit dem Mandat zum Arschtreten haben.
- Dabei gilt, immer wieder zu checken: Bin ich auf Kurs?
- Auf Kurs bleiben funktioniert aber nur dann, wenn man den Kurs immer wieder korrigiert.
- Dazu muss es Leute geben, die das dürfen.

Die beiden bleiben noch eine Weile auf diesem besonderen Aussichtsturm und genießen den Blick. Der Wind weht nach wie vor recht stark und lässt die Wolken schnell ziehen. Doch richtig auflockern möchte es nicht. Nichtsdestotrotz ist die Sicht hervorragend.

Als sich weitere Leute den Treppen zum Eingang des Turms nähern, beschließen Edgar und Ben zurückzufahren. Ein wenig kalt ist es schon geworden, so ganz ohne Bewegung und mit dem stetigen Wind. Sie schaffen es, die Leiter herunterzusteigen, bevor die ersten Leute durch den Eingang in den Erker gelangen. Mit zügigen Schritten gehen sie zurück zu ihrem Wagen, hinter dem mittlerweile zwei weitere Autos parken. Auf der Rückfahrt zum Hotel sprechen Edgar und Ben nicht mehr viel. Denn vieles ist heute gesagt worden. Viele weitere Eindrücke sind heute dazugekommen.

Im Hotel angekommen, beschließen sie, fürs Abendessen keine weitere Fahrt anzutreten und dort zu bleiben.

Am nächsten Morgen sind nur noch ganz wenige Wolken vom Regen des Vortags übrig geblieben und der Tag startet wieder mit strahlendem Sonnenschein. Nach dem Frühstück heißt es heute Koffer packen. Bis zum Abflug sind noch ein paar Stunden Zeit und Edgar schlägt vor, in seinem Lieblingscafé direkt im Hafen von Andratx einen Kaffee zu trinken, bevor sie an den Flughafen fahren müssen. Also werden nach dem Auschecken die Koffer ins Auto geladen und sie steuern zum letzten Mal der malerische Fischerort Andratx an.

Auch heute ist es nicht so leicht, einen Parkplatz zu finden, denn sonntagvormittags sind auch mehr Einheimische und Gäste auf den Beinen und beginnen ihren Tag mit einem Frühstück in einem der zahlreichen Lokale direkt an der Hafenmauer. Edgar lotst Ben zu einem größeren Parkplatz ein wenig abseits vom Geschehen, nachdem sie bereits eine Runde erfolglos gedreht haben. »Ein bisschen laufen ist nicht schlecht«, findet Ben. »Nachher sitzen wir wieder lange genug.«

In Edgars favorisiertem Lokal, das sie schon am ersten Tag ihres Aufenthalts besucht haben – das Café Cappuccino – sind schon jede Menge Gäste. Die Sitzplätze direkt vor dem Gebäude sind bereits belegt. Ebenso im Innenbereich. Doch auch heute finden sie auf der anderen Seite der Promenade – direkt an der Hafenmauer – weitere Sitzplätze zur Verfügung, die seitlich mit durchsichtigen Zeltplanen vor Wind geschützt sind. So beschließen Edgar und Ben, sich dort hinzusetzen.

Sie bestellen wie schon am ersten Tag jeder einen Cappuccino und genießen die Sonne und die frische Luft nach dem Regen gestern, während sie sich über die Erlebnisse dieser gemeinsamen Auszeit hier auf Mallorca austauschen.

Am frühen Nachmittag machen sich Edgar und Ben auf den Weg nach Palma. Dort angekommen, geben sie zuerst den Mietwagen ab. Zur Abflughalle sind es von dort aus nur wenige Meter. Sie sind gut in der Zeit und setzen sich noch einmal kurz in den Wartebereich vor den vielen nebeneinandergereihten Eincheckschaltern, wo sich schon lange Schlangen bilden.

Ben schaut zu seiner Rechten, wo Edgar sitzt. »Wenn ich mir jetzt überlege, über was wir alles geredet haben in den letzten Tagen … heißt es ganz klar für die Zukunft: Personal Branding, Personen zur Marke machen – wie schätzt du das denn ein?«

»Die größte unentdeckte Chance für jeden Einzelnen«, antwortet Edgar daraufhin, ohne überlegen zu müssen. »Wenn man sich das mal ein bisschen näher anschaut, ist es ja wirklich noch Neuland, Niemandsland. Kaum erkannt. Es gibt da wirklich nur Einzelfälle, die das bis jetzt realisieren. Wir sind noch am Anfang. Am Anfang eines sehr, sehr spannenden Entwicklungsprozesses, bei dem Menschen erfolgreicher sein können als 99 Prozent der deutschen Unternehmen – wenn ich mal den Umsatz von einer Million als Messlatte nehme. Insofern kann man sich eigentlich freuen: Wir können uns auf der einen Seite freuen, weil wir dieses Thema als Pioniere mitgestalten – und diejenigen können sich freuen, die es nutzen. Ideal.«

Ben nickt und fügt hinzu: »Ich glaube, das wird in Zukunft noch eine massiv hohe Bedeutung kriegen, vor allem für ganz, ganz viele Branchen und Einzelpersonen, auch aus Branchen, die wir momentan noch gar nicht wirklich auf dem Schirm haben. Ich denke mal, dass das Thema ›Von der Person zur Marke‹, sich einfach massiv entwickeln wird und so viele Chancen darin schlummern, die momentan noch völlig brachliegen.«

»Das ist ja das Spannende daran«, entgegnet Edgar. »Das haben wir ja durch die Gespräche herausgefunden: dass es eigentlich fast jeden Tag neue Zielgruppen gibt, die dafür infrage kommen. Stichworte waren zum Beispiel Rechtsanwälte, oder Makler oder Immobilienmakler – also alles Zielgruppen, die heute noch gar nicht daran denken, dass sie das brauchen werden, wenn sie weiterhin erfolgreich sein wollen. Das macht das ganze Thema für die Zukunft eben halt so spannend.«

»Also ich glaube, dass man jedem, der sich in Zukunft mit dieser Thematik beschäftigen wird, nur Mut machen kann und sagen kann: Starte durch! Wir hocken ja hier im Flughafen, steigen gleich in den Flieger … also … Vollgas, oder?«

»Nicht nur Vollgas, sondern ganz ernsthaft die Aufforderung loszulegen und durchzustarten, denn auch hier gilt natürlich: Diejenigen, die es als Erste machen – also die *First Mover* –, werden wieder diejenigen sein, die am meisten davon profitieren. In ein paar Jahren wird das auch in dem Maße nicht mehr so einfach sein. Also jetzt gilt es, als Pionier auf dem Gebiet zum Thema Personal Branding und Selbstvermarktung durchzustarten, loszulegen und die Chancen zu nutzen, die im Augenblick noch brachliegen. Und da gilt es einfach: Legt einfach los, startet durch!«, appelliert Edgar.

»Also: Mut machen. Vor allen Dingen, was noch ein ganz wichtiger Aspekt ist, den ich noch mal aufgreifen will: Sucht euch die richtigen Gefährten, um dieses Thema anzupacken! Gerade auch Gefährten beim Thema Reflexion. Wir hatten das erst gestern, als wir drüber geredet haben …«

»Jaja.«

»Ich muss mich auch dauerreflektieren. Also: ordentliche Gefährtenschaft«, untermauert Ben.

»Mein Satz dazu heißt ja immer: *Keiner gewinnt alleine.* Das gilt ja hier erst recht. Vor allem, wenn man neue Wege geht, die man in der Form noch gar nicht kennt, braucht man Gesprächspartner auf Augenhöhe – das ist übrigens auch ein ganz wichtiges Thema –, die die Bereitschaft mitbringen, auf den einzelnen Menschen, auf das Individuum einzugehen. Die das nicht einfach so von der Stange betrachten. Sondern hier geht es um das Individuum, um den einzelnen Menschen, und der braucht Gesprächspartner, der muss einen Sparringspartner haben. Vielleicht auch eben ab und zu einen Troubleshooter, denn man kann nun mal nicht dauerhaft alles richtig machen.«

Das heißt jetzt im Klartext:

- Personal Branding – eine Person zur Marke machen – ist die größte unentdeckte Chance für jeden Einzelnen.
- Die wenigsten haben das bis jetzt realisiert.
- Wir sind noch am Anfang eines sehr spannenden Entwicklungsprozesses.
- Personal Branding wird in Zukunft in seiner Bedeutung wachsen – auch für Branchen, die das momentan noch gar nicht realisiert haben.
- Das Thema »Von der Person zur Marke« wird sich massiv entwickeln.
- Die First Mover werden diejenigen sein, die davon profitieren.

»Das ist so, ganz klar. Aber das ist ja cool, weil wir dann beide ja ein Lernmodell für andere sein können, oder?«, meint Ben ein wenig verschmitzt.

»Ja«, entgegnet Edgar lächelnd. »Das können wir so betrachten, ja. Auf jeden Fall haben wir eine Chance, Know-how weitergeben zu können – dein Know-how ebenso wie mein Know-how. Das macht die ganze Sache natürlich auch wieder toll. Jetzt können wir abheben und zurückfliegen und jetzt können wir die Zukunft ganz positiv sehen.«

»Dann gehen wir mal auf Flughöhe«, lacht Ben abschießend.

»Ja, genau. Nur nicht als Pilot. Wenn's irgendwie geht.«

Klartext: Personal Branding

Von Marken und Platzhirschen

Es gibt immer mehr Menschen, die mit ihrem Namen oder ihrem Gesicht Geld verdienen wollen. Auf der anderen Seite haben es viele allerdings noch nicht erkannt, sich mit ihrem Namen oder ihrem Gesicht »verkaufen« zu müssen, wenn sie als Person ihren Lebensunterhalt verdienen möchten. Dabei leben wir heute in einer Welt, in der zum ersten Mal ein einzelner Mensch so erfolgreich sein kann wie die Mehrheit der deutschen Unternehmen. Und das ist möglich durch Personal Branding.

Bei Begriffen wie »Brand« oder »Marke« entstehen meist Bilder bekannter Produkte im Kopf. Die wenigsten denken dabei an Menschen, die ebenso erfolgreich Marke sein können. Warum entscheidet sich ein Kunde, Patient oder Klient dazu, zu *dem* Arzt zu gehen, *den* Anwalt zu kontaktieren oder sich von *diesem* Immobilienberater neue Wohnungen zeigen zu lassen? Weil die Person dahinter sympathisch, vertrauenerweckend und zuverlässig ist. Weil sie zuhört, ihr Gegenüber ernst nimmt und die Chemie stimmt. Und weil sie sich »einen Namen« gemacht hat. Kunden suchen sich also einen Dienstleister nicht allein aufgrund seiner Expertise, sondern vor allem, weil sie ihm vertrauen. Dadurch entsteht automatisch eine Anziehungskraft. Denn der Kunde will abgeholt und als Mensch akzeptiert werden.

Beim Thema »Mensch als Marke« fallen einem überwiegend Persönlichkeiten aus der Politik, der Künstlerszene oder aus TV, Radio, Internet & Co. ein. Dabei gehören ebenso Branchen wie Fachärzte,

Anwälte, Architekten, Heilpraktiker, Ingenieure, Immobilienberater, Steuerberater, Weiterbildner, Rechtsanwälte und so weiter dazu. Das wird oft verkannt. Ebenso entwickeln mittlerweile Menschen in Führungspositionen wie Vorstände und Geschäftsführer eine hohe Sensibilität dafür, sich als Marke verstehen zu müssen. Ihnen ist bewusst, dass sie nicht auf Lebenszeit im Unternehmen bleiben werden, und sie fangen in ihrer Position bereits an, sich in anderen Bereichen einzubringen, die sie interessieren. Schließlich möchten sie sich auch nach ihrer Tätigkeit im Unternehmen weiter einbringen können.

Für Personal Branding braucht man einen inneren Antrieb. Einen Motor, seine Nase in die Öffentlichkeit halten zu wollen. Diese Antreiber können sein: Einfluss, Macht, Anerkennung, Status und Ansehen. Jeder muss für sich selbst entscheiden, ob er sich als Marke versteht und das aufbauen möchte, denn man muss die Bereitschaft haben, sich der Öffentlichkeit zu stellen – und sich der Konsequenzen bewusst sein.

Bevor man sich auf den Weg zur Marke macht, muss man sein Thema finden und sich selbst die Legitimation und die Erlaubnis geben, sein Thema auch auszuleben. Auf dem Weg zur Marke kommt man nicht drum herum, sich in den Vordergrund zu rücken und Akzeptanz aufzubauen. Besonders Frauen haben für ihr Personal Branding eine große Herausforderung, sich als Marke aufzustellen, denn sie haben mehr als ihre männlichen Mitspieler mit mangelnder Akzeptanz zu kämpfen. Wer nicht den Drang hat und die Bereitschaft mitbringt, sein Platzhirsch-Gen ausleben zu wollen, wird es nie zur Marke schaffen. Grundsätzlich aber können Glaubenssätze einen Menschen daran hindern, sich zur Marke zu entwickeln. Personal Branding kann nur dann gelingen, wenn man die Frage »Will ich das überhaupt?« mit einem klaren Ja beantworten kann.

Als Brand wird man zum Unternehmer – zum Unternehmensgründer. Das bedeutet: In den ersten Jahren ganz massiv die Arschbacken zusammenkneifen. Und das hat Auswirkungen – auch aufs Privatleben. Dessen sollte man sich bewusst sein. Ist diese Bereitschaft nicht gegeben, stellt man sich selbst ein Bein.

Das Vermarkten von Menschen und von Produkten wird meist über einen Kamm geschoren, doch das ist falsch. Personal Branding unterscheidet sich nämlich grundlegend vom Vermarkten von Produkten: Einem Produkt kann man eine Identität sprichwörtlich überstülpen. Hinter Personenmarketing steht ein Mensch und bei einem Menschen funktioniert das nicht. Damit wird das meiste, was für einen Dienstleister in der Vermarktung bisher gegolten hat, über den Haufen geworfen.

Klassische Agenturen vermarkten Menschen meist in Richtung Dienstleistung, haben aber den Kern, um den es geht – die Identität des Menschen und was ihn ausmacht –, nicht berücksichtigt. Diese Vermarktungsanbieter sind meist damit überfordert, den Menschen selbst zu betrachten, denn dazu sind schon Ansätze der Tiefenpsychologie gefragt. Wer Menschen vermarktet, muss ebenso deren Mindset berücksichtigen. Es gibt keinen Studiengang zum Thema Personal Branding.

Fakt ist: Mit Personal Branding kann jeder sein Potenzial steigern, der sich mit seiner Expertise oder Dienstleistung am Markt einen Namen machen möchte.

Die Person als Marke

Wer kann von sich behaupten, dass er mit seinem Leben – in privater wie auch beruflicher Hinsicht – glücklich und zufrieden ist? Wer weiß, wofür er morgens aufsteht? Wer keine Sinnfrage hat, die ihn zum Aufstehen bewegt, wird in Geld, Zuspruch oder Erfolg auch nur anfangs einen Antreiber finden. Doch auch dieser ist irgendwann nicht mehr stark genug. Wer einen Sinn in seinem Tun sieht, hat einen starken Antreiber, der auch dauerhaft wirkt.

Es gibt jede Menge Menschen, die schlecht schlafen, mit Bauchschmerzen zur Arbeit fahren, dort ausharren und sich abends fragen: Ist es das, was ich will? Viele wissen offensichtlich gar nicht, was sie brauchen, damit es ihnen gut geht. Sie kennen ihre Identität nicht.

Eine Kernfrage der Identität ist: Welche eigenen Bedürfnisse erfülle ich mit meiner Identität? Es ist die Frage nach der Akzeptanz der eigenen Person. Denn wenn die Zeit kommt, stellt man sich die Frage, ob man sein Leben überhaupt so gelebt hat, wie es den eigenen Vorstellungen entspricht. Oder fällt es zwischendurch schwer, sich selbt im Spiegel zu sehen, weil man etwas getan hat, das der eigenen Identität widerspricht? Was seinem eigenen Wertesystem widerspricht? Etwa 90 Prozent unseres Denkens, Fühlens und Handelns werden von unserem Wertesystem gesteuert. Das geschieht unbewusst und begleitet uns durch jeden Tag. Insgesamt wird viel über Werte geredet, aber sie werden an nur wenigen Stellen wirklich gelebt. Ein Beispiel dafür sind Unternehmenswerte. Fast jedes Unternehmen spricht darüber, wie wichtig Unternehmenswerte sind, und kommuniziert das nach außen. Doch werden diese auch wirklich in jeder Abteilung gelebt? Von jedem Einzelnen? Oft sieht es sogar so aus, dass die Mitarbeiter die Unternehmenswerte gar nicht kennen. Somit können sie auch nicht nach außen zu den Kunden, Lieferanten oder Partnern hin sichtbar gemacht werden. Das Ergebnis ist: Das Unternehmen wird von außen nicht so wahrgenommen, wie es gerne wahrgenommen werden möchte. Auch aufs Personal Branding übertragen muss man seine Werte kennen, um sie nach außen tragen zu können – um auch authentisch wahrgenommen zu werden. Die wenigsten Menschen haben sich damit auseinandergesetzt, was sie selbst überhaupt beschäftigt, was ihnen wichtig ist, was sie ablehnen oder was sie bewegen wollen. Nur wer sein Wertesystem kennt und das auch artikulieren kann, der kann es auch weitergeben.

So bedeutet das für Personal Branding: nicht nur über Werte reden, sondern sie leben!

Will man zur Marke werden, muss man sich über sein eigenes Wertesystem im Klaren sein und auch entsprechend steuern, was man davon leben will und was nicht. Auf diese Weise erreicht man eine Strahlkraft, die in die Markenidentität mit einfließt.

Zum Thema Werte gibt es drei Kernfragen, die man sich beantworten muss:

1. Welche Werte lebe ich im Umgang mit anderen Menschen?
2. Welche Werte lebe ich in meiner Kommunikation mit anderen?
3. Welche Werte lebe ich im Umgang mit mir selbst?

Man muss sich akzeptieren, um auch anderen etwas geben zu können. Denn nur wer sich selbst akzeptiert, kann auch anderen einen Nutzen bringen. Vielen Menschen ist es gar nicht bewusst, welche Bedürfnisse sie mit ihrem Job stillen und was sie der Welt damit zurückgeben. Wäre ihnen das nämlich bewusst, könnten sie die Dinge viel klarer sehen und aktiv darauf hinarbeiten, sowohl sich als auch ihrem Umfeld etwas zu geben. Der Erfolg liegt immer in einem selbst und was man hinterlässt, wenn der Tag kommt, an dem das eigene Leben endet.

Letztendlich kann jeder viele Dinge tun – aber wen hat man damit inspiriert? Manchmal braucht es nur einen Impuls, um andere zu inspirieren.

Wird ein Mensch als Marke kreiert, entsteht die Frage: »In welchem Auftrag, welcher Mission bin ich eigentlich unterwegs? Was will ich bewegen?« Dann geht es darum, das Ganze in eine Strategie umzusetzen, um im Markt überhaupt erst sichtbar zu werden. Mit einer puren Behauptung kommt man nicht weit. Das, was man aussenden will, muss sprichwörtlich Hand und Fuß haben. Die Sichtbarkeit selbst kommt von dem, wofür man steht, wofür man brennt. Und dass man dafür brennt, merkt der Kunde sehr schnell. Eine Strategie packen die meisten allerdings erst dann an, wenn es bereits fünf vor zwölf ist.

Doch reicht eine geniale Idee allein nicht aus. Diese muss nicht nur einzigartig sein, sondern auch von der Positionierung her so aufbereitet, dass das Fundament fest steht. Dann gelingt es auch, diese Einzigartigkeit auszusenden.

Sichtbarkeit bedeutet auch gleichzeitig Polarisierung. Man kann nicht Everybody's Darling sein. Eberybody's Darling is Everybody's Depp. Polarisierung ist für viele Menschen ein Tabuthema und somit versuchen sie, durch ein möglichst umfangreiches Angebot möglichst viele Interessenten zu bekommen. Doch sollte man sich dann bewusst sein: Ohne Polarisierung ist man nur eins der vielen bunten Bällchen im IKEA-Bällchenbad. Man ist aus Marketing-Sicht nicht fassbar – und damit ist man austauschbar. Und man ist dann auch für den Kunden nicht zu greifen. So passiert das, was sich niemand wünscht: Es klopfen Interessenten an, die gar nicht passen. Das kostet beide Seiten wertvolle Zeit und somit Geld und lässt die Unzufriedenheit anwachsen.

Polarisierung gibt also Orientierung sowohl für sich selbst als Anbieter als auch für den potenziellen Kunden.

Man muss sich im Klaren sein, was man polarisieren will, um daraufhin ein Standing zu etablieren. Diese Ecken und Konturen stechen dann auch in einem Bällchenbad heraus. Das bedeutet, voll hinter seinem Thema, seiner Positionierung zu stehen. Sicher ist, dass das nicht überall auf Anklang und Zustimmung trifft und man also auch mit persönlichen Angriffen rechnen muss. Daher sollte sich jeder, der sich als Marke aufstellen möchte, gründlich überlegen, ob er dem gewachsen ist. Ob er dem standhalten kann und will. Wer an die Spitze kommen und sich dort halten will, hat keine andere Chance – er muss polarisieren.

Doch wie polarisiert man? Wie sticht man aus der Masse heraus? Erfolge entstehen im Kopf. Misserfolge allerdings ebenso. Man kann mit einem einzigen Wort berühmt werden, mit einem Satz, einer

These oder einer Fähigkeit. Man findet immer etwas, um eine Einzigartigkeit herauszustellen. Das Problem liegt allerdings in der Psychologie vorher in der Bereitschaft, das zulassen zu wollen und den Gegenwind, der mit Sicherheit einsetzt, auch aushalten zu können. Wem Harmonie im Leben wichtig ist, der wird einem solchen Gegenwind nicht standhalten können. Es funktioniert nicht, sich heute in diese Richtung zu positionieren und morgen in eine andere. Auf diese Weise wird man nur wieder zu einem Stück Seife, das man nicht greifen kann, weil kein auf ein Fundament gebautes Standing vorhanden ist.

Es kann Momente geben, in denen man durch eine günstige Gelegenheit oder einen Zufall sprichwörtlich nach oben gespült wird. Nämlich dann, wenn man zur richtigen Zeit am richtigen Ort einfach nur anwesend ist. In einem solche Fall muss man gar nicht polarisieren. Zumindest nicht zuerst. Aber irgendwann dann schon. Ist einem das nicht von Anfang an bewusst, kann man schnell wieder in die Austauschbarkeit abrutschen. »Kopierer« sind überall. Und dann ist der Erfolg Vergangenheit. Allerdings hat es ein Wegbereiter einer Idee besser, weil er einen Sicherheitsvorsprung hat. Derjenige, der lediglich kopiert, ist nur der zweite Sieger, denn man wird sich an den Wegbereiter erinnern. Eine solche Kairos-Chance ist selten, aber möglich.

Als Marke bekommt man Standing und Sichtbarkeit, und beides zusammen sind die Fundamente für Wirkung. Die Strahlkraft in den Markt, hin zu Kunden, kann also beginnen.

Die Markentypen

Es gibt die unterschiedlichsten Persönlichkeits- und Markentypen. Ein Mensch vom Typ *Pfadfinder* hat zum Beispiel den Drang, sich immer wieder neu erfinden zu müssen. Doch gibt es nur wenige solcher Multitalente, die mit immer wieder neuen Ideen erfolgreich werden. Erfahrungswerte zeigen, dass derjenige am besten wachsen kann, der sich fokussiert, längere Zeit auf eine Sache konzentriert und dranbleibt. Auch wenn eine Idee am Anfang nicht funktioniert. Also sollte das grundsätzliche Ziel sein herauszufinden: Was kann ich besser als andere?

Im Personal Branding hat man keine zweite Chance: Entweder ist man ein Nobody, schwimmt in der Masse mit, setzt unglaublich viel Energie und Zeit ein und ist austauschbar. Oder man hat einen klaren Fokus, macht den einen »Schuss« und setzt ihn konsequent um. Dieser Schuss muss ganz genau überlegt sein. Passt dazu nun auch noch das Timing, geht es schneller. Passt das Timing nicht, dauert es entsprechend länger.

Wer eine Mission hat, kann mit seiner Fähigkeit das Maximum herausholen. Am besten beschreibt so etwas der Markentyp des *weisen Gandalfs*. Der Dalai Lama ist ein Beispiel für solch einen Markentypen. Dieser wollte zwar nie beabsichtigt zur Marke werden, doch hat er eine Mission und sich dieser verpflichtet gefühlt. Somit wirkt er automatisch mit einer ganz besonderen Anziehungskraft auf die Menschen, die seine Mission teilen. Er hat intuitiv all das gemacht, was eine starke Marke ausmacht, denn er lebt seine Mission und wirkt somit wie ein Magnet auf die Menschen.

Der *Kriegsveteran* ist ein weiterer Markentyp. Beispiel dafür ist Niki Lauda. Der war zwar schon vor seinem Unfall ein guter Rennfahrer, ist aber danach nicht aus diesem Sport ausgestiegen. Er ist dabeigeblieben und wollte nach dem Unfall eine andere Herausforderung annehmen.

Die deutsche Fußballnationalmannschaft sind die *Helden* aus dem Jahr 2014. Kurzer Jubel, kurze Euphorie, doch schon wenig später spricht kaum noch jemand davon. Wer von den Spielern wird in zehn Jahren noch eine Rolle spielen? Wer wird komplett verschwunden sein? War nach der Weltmeisterschaft das Bewusstsein vorhanden, mehr daraus machen zu können? Eine Kairos-Chance wurde hier vergeben. Wie eine Aktie der Vergangenheit, für die sich später niemand etwas kaufen kann. Wer im richtigen Moment seine Chance nutzt, kann mehr aus seinem Personal Branding machen.

Märtyrer sind Markentypen, die eine so tief in sich verwurzelte Mission und Überzeugung haben, dass sie dafür sterben würden. Im Grunde genommen ist die Überzeugung ein Thema, das einen großen Kern ausmacht und überhaupt erst den eigenen Antrieb ermöglicht.

Wer wie ein *Rambo* nach vorne prescht, hat alles dafür in Bewegung gesetzt, sich als Marke auf dem Markt halten zu können. Wie Dieter Bohlen, der ohne weitere Maßnahmen nach seiner Zeit mit Modern Talking langsam in der Versenkung verschwunden wäre. Zwar schreibt er als Produzent erfolgreiche Songs für andere, doch die kassieren dafür die Lorbeeren. Durch *DSDS* und etliche Werbespots ist er wieder nach oben gekommen und wird heute für seine Art geliebt und gehasst. Er gibt sich, wie er ist, und ist sich treu geblieben. Somit polarisiert auch er – und hat sich selbst als Marke perfektioniert.

Bei Marken gibt es zwei Richtungen: Die einen leben authentisch, wer oder was sie sind, und müssen sich nicht verändern. Die anderen spielen eine Rolle und erfüllen Erwartungen. Wer zum Beispiel auf der Bühne steht, muss die Erwartungen des Publikums erfüllen. Aber das war ursprünglich auch einmal eine Entscheidung, die man für sich getroffen hat, die man akzeptiert. Dann ist das für denjenigen auch in Ordnung. Doch muss man sich bei dieser Entscheidung im Klaren sein, ob man das auch in zehn oder 15 Jahren noch kann und möchte. Für den Menschen und seine Identität ist es sicher besser, sich nicht über Jahre hinweg in eine Rolle begeben und sich dadurch »verbiegen« zu müssen. Wer ständig zwischen Rollen springt und sich immer wieder verbiegen muss, wird auf Dauer so nicht leben können. Fühlt man sich beispielsweise eher als Rambo statt als Märtyrer, dann gehört das zur eigenen Identität und sollte auch gelebt werden.

Evergreens wie Günther Jauch oder Thomas Gottschalk haben ein Naturtalent, das es ihnen ermöglicht, hochsensibel, schlagfertig und intuitiv auf Situationen zu reagieren. Wer ein solches angeborenes Talent besitzt, kann das als Riesenchance nutzen.

Visionäre und *Pioniere* wie Steve Jobs sehen Dinge voraus und machen sich zur Aufgabe, dafür Lösungen zu entwickeln. Ein Visionär weiß, dass er mit seiner Gabe die Welt verändern kann. Er nimmt aber auch in Kauf, dass seine Idee möglicherweise nicht sofort fruchtet und er damit auf die Nase fällt. Doch nimmt er immer wieder einen neuen Anlauf, bis seine Vision realisiert ist. Zur Not schreckt er auch nicht davor zurück, Investoren für seine Idee zu suchen. Im Silicon Valley – der Geburtsstätte vieler revolutionärer Technologien – übrigens gang und gäbe. Jobs hat das Thema Mobilität revolutioniert und all seine Energie dort hineingesteckt.

Jeder einzelne Markentyp hat seine Stärken und Schwächen und jeder sollte das tun, was für ihn »artgerecht« ist. Schließlich geht es letztendlich darum, Dinge zu tun, bei denen man am Ende sagen kann: »Es hat Spaß gemacht!« Wenn man weiß, welcher Markentyp man ist, sollte man konsequent diesen einen Weg gehen und sich nicht davon abbringen lassen. Am besten gelingt das mit der Unterstützung von Menschen, die das Vorhaben unterstützen.

Daher lautet unsere Empfehlung: Umgib dich mit Menschen, die an dich glauben. Suche dir eine ordentliche »Gefährtenschaft«.

Wie werde ich zur Marke?

Was man konkret beachten muss, wenn man zur Marke werden will, ist ein sehr individueller Part und beim Thema Maßnahmen gibt es eine 15-spurige Autobahn. Dabei steht zu Beginn die Strategie, mit der die eigenen Fähigkeiten und Leistungen an die Zielgruppe gebracht werden. Dann kommt die Frage nach der Zielgruppe: Wer gehört dazu? Wo sind diese unterwegs? Was beschäftigt sie? Was ist deren Kittelbrennfaktor? Was bereitet ihnen schlaflose Nächte? Als Drittes kommt die Frage nach der Innovation und dem Nutzen. Nicht jede Innovation bietet einen Nutzen und andersherum gibt es vielleicht einen Nutzen, der aber nicht innovativ ist. Am besten stellt man das System auf den Kopf – denkt »out-of-the-Box« und überlegt, für wen das eigene Know-how interessant sein könnte.

Sind diese drei Themen klar, geht es an die Positionierung. Viele machen in ihrem Marketing den Fehler, schnell ins Doing zu kommen, ohne eine zielscharfe Positionierung und Strategie dafür an der Hand zu haben. Auf diese Weise wird viel Geld verbrannt. Wer die Pains und Bedürfnisse seiner Zielgruppe kennt und dahingehend sein Marketing ausrichtet, spricht in der Sprache seiner Kunden und holt diese da ab, wo sie gerade stehen. Viele haben sich noch gar keine Gedanken über diese Tatsache gemacht und es fällt ihnen ungemein schwer, diese Kittelbrennfaktoren aus der Sicht ihrer Kunden zu formulieren und damit den Transfer in die Problemsprache zu finden. Jeder muss sprichwörtlich im Kopf seines Kunden spazieren gehen. Viele haben einfach nicht den Blick durch die Augen des Kunden und betrachten alles mit ihren eigenen Augen, aus eigenen Erfahrungen heraus. Man muss sich also auf die andere Seite der Brücke begeben, den Expertenstatus verlassen und in eine andere Gedankenwelt eintauchen.

Hierzu muss also geklärt werden:

1. Was sind die brennenden Probleme meines Kunden?
2. Wovon träumt er nachts?
3. Welche Motive treiben ihn an?

Wer sich als Marke verkauft, ist nicht Dienstleister, sondern Bedürfnislinderer, und lindert damit die Pains seiner Kunden.

Ob ein Thema direkt einschlägt, wird darüber entschieden, wie hoch der Kittelbrennfaktor ist. Ist er maximal hoch, gelingt es auf

Anhieb. Ist er nur minimal, weil es kein Interesse dafür gibt, funktioniert es nicht. Manchmal findet man eine Lösung schnell. Aber oft ist es so, dass man für solch eine Lösung Tage, Wochen, Monate benötigt. Kunden kennen die Lösung ja auch nicht. Man muss lediglich verstehen, was sie wollen, und dafür eigene Lösungen entwickeln.

Es ist nicht so, dass man generell »out-of-the-Box« denken muss. Wenn der Bedarf da ist, muss man nur den Mut haben und die Chance ergreifen.

Generell sind Kunden gute Strategen für andere, aber nicht für sich selbst. Wer zur Marke wird, ist auch gleichzeitig Unternehmer. Die wenigsten realisieren das bei dem, was sie tun. Um auch unternehmerisch erfolgreich sein zu können, braucht es so etwas wie ein Unternehmer-Gen, denn man muss sich bei allem, was man tut, vor Augen halten: Ich bin Unternehmer!

Unternehmerkompetenz ist also eine zentrale Eigenschaft, die man als Marke entwickeln muss und entwickeln kann. Hat man selbst keine unternehmerische Kompetenz oder auch nicht die Muße, diese zu entwickeln, sollte man sich jemanden zur Seite holen, der strategische Geschäftsführerentscheidungen trifft. Es gibt viele gute Leute, die es aufgrund ihrer fehlenden unternehmerischen Kompetenz nie zum Player schaffen. Denn geht die erarbeitete Strategie auf, wird man sich unweigerlich mit Wachstum auseinandersetzen müssen.

Internet und Social Media machen es möglich und verpflichten regelrecht dazu, seine Kontakte nach außen zu erhöhen. Presse, Onlineportale, Videos, Publikationen … man muss sich im Klaren darüber sein, welche Vermarktungswege man nutzen möchte. Denn auch hier gilt das Prinzip klassischer Verkäufer: Mehr Kontakte bringen mehr Geschäft.

Die Königsdisziplin dabei ist die Vernetzung der crossmedialen Kommunikation. Es ist ein Ammenmärchen zu glauben, nur mit einem Marktauftritt liefe das Geschäft von ganz alleine. Die Mischung macht's: Empfehlungen, persönliche Kontakte, klassische Printarbeit et cetera. Und diese ist für jeden individuell. Das heißt: Heute ist die Vermarktung einer Person, eines Personal-Branding-Themas, einer Strategie schon ein Musikstück auf einem Klavier, das man spielen muss, und kein einzelner Ton mehr. Etwas weiter ausformuliert ist es die Melodie eines ganzen Orchesters, die auch nur dann ihre Wirkung erzielt, wenn alle eingesetzten Instrumente aufeinander abgestimmt sind. Dabei muss man immer wieder genau beobachten: Was spiele ich da gerade? Daraus entstehen echte Herausforderungen und Chancen gleichermaßen.

Wer das versteht, schafft ganz andere Dimensionen für sein Personal Branding.

Wie überlebe ich als Marke?

Zur Marke zu werden, ist *eine* Hürde. Eine Marke zu bleiben, ist die nächste. Wie zuvor schon angesprochen, muss man damit rechnen, unter Beschuss zu kommen, sobald man eine Marke geworden ist und polarisiert. Zum einen ist man gezwungen, sich selbst treu zu bleiben, was ein wichtiger Aspekt ist. Zum anderen muss man sich immer mal wieder infrage stellen, denn es gibt keine Idee, die 30 Jahre lang unverändert funktionieren kann. Dabei darf man nicht zu weit von seiner eigenen Marke weggehen, um glaubwürdig zu bleiben und weiter akzeptiert zu werden. Vielmehr sollte die Ausrichtung an die Gegebenheiten, die sich immer wieder verändern, angepasst werden.

Um für sich selbst festzustellen, dass man noch »im Thema« ist, muss man auch hier genauso vorgehen, wie man das für die grundsätzliche Positionierung als Marke macht: sich auf die Seite des

Kunden stellen, dessen Sicht einnehmen und von diesem Blickwinkel aus fragen, ob das Thema noch zentral ist. Denn Fakt ist, dass der Kunde im Laufe der Zeit seinen Umgang mit einem Thema ändert.

Man muss also regelmäßig beobachten, was in der Gesellschaft passiert: Wie geht der Kunde mit dem Thema um? Wie lange beschäftigt er sich damit? Hat er seine Gewichtung geändert? Rückt etwas anderes in seinen Fokus? Ein Thema, das ursprünglich mal absolut angesagt war, kann plötzlich an Attraktivität verlieren. Wenn man dann in seiner Welt weiterhin sein Ding macht und diese Veränderung nicht bemerkt, ist man plötzlich weg vom Fenster. Es laufen so viele mit Scheuklappen durch den Markt und haben nicht im Blick, was der Wettbewerb macht. Eine Orientierung am Wettbewerb ist aber wichtig, um sich die Frage beantworten zu können: Wie kann ich meine Unverwechselbarkeit halten? Aus diesem Grund sollte man Veränderungen immer auf dem Schirm haben.

Außerdem sollte man grundsätzlich eine Sensibilisierung dafür haben, was sich unabhängig von einem selbst rundherum verändert. Trends sind plötzlich da und verändern Menschen. Oder Produkte werden auf den Markt gebracht und verändern Verhaltensweisen, Erwartungen, Abläufe et cetera. Das alles hat wiederum Auswirkung auf die Art und Weise, wie man erfolgreich sein kann. Dieses generelle Schauen nach rechts und links ist ganz wichtig für die eigene Weiterentwicklung und den Erfolg.

Um sich von Wettbewerbern abzugrenzen, braucht es Veränderung. Doch die meisten haben Angst davor, bleiben in ihrer Höhle und trauen sich nicht heraus. Draußen könnte die Gefahr lauern: andere Wettbewerber, die auch was Tolles draufhaben, die andere Ideen vorstellen. Also läuft man ganz schnell wieder in seine Höhle zurück. Diese Verhaltensweise ist in unserem Stammhirn verankert und es bedarf Mut, sich dem zu widersetzen, sich zu öffnen. Öffnung ist die Voraussetzung für Veränderung.

Niemand kann eine Garantie für dauerhaften Erfolg geben. Man muss die Fähigkeit entwickeln, sich rechtzeitig anzupassen. Ansonsten werden das andere tun.

Auch mit einer Anpassung seiner Positionierung wird man polarisieren und somit auf Menschen stoßen, die sich nicht mit einem identifizieren können. Natürlich muss man auch diese Angriffe wegstecken können. Von der Metaebene betrachtet bedeutet das, wissen zu müssen, was man an sich heranlässt und wovon man sich distanziert.

Was man immer im Hinterkopf haben muss: Ist einmal etwas kommuniziert, kann man nicht mehr zurückrudern. Will man als Marke überleben, muss man für den Markt auch glaubhaft und nahbar bleiben – und dazu muss man sich öffnen. Wer sich dazu entscheidet, Marke zu sein, entscheidet sich demnach auch gleichzeitig dafür, ein »offenes Buch« für andere zu sein.

Um erfolgreich Marke zu bleiben, sollte man sich einen passenden Sparringspartner mit Mandat zum Arschtreten suchen – also eine ordentliche Gefährtenschaft. Außerdem muss man immer wieder checken: Bin ich auf Kurs? Das gelingt, wenn man den Kurs immer wieder mal korrigiert und den sich ändernden Trends anpasst.

Wie also kann man Personal Branding für die Zukunft einschätzen?

Personal Branding – eine Person zur Marke machen – ist die größte, unentdeckte Chance für jeden Einzelnen. Die wenigsten haben das bisher jedoch realisiert.

Wir sind noch ganz am Anfang eines sehr spannenden Entwicklungsprozesses, denn das Thema »Von der Person zur Marke« wird in Zukunft weiter in seiner Bedeutung wachsen – auch für

Branchen, die das aktuell noch gar nicht für sich realisiert haben. Hier gibt es noch viel Brachland, das entdeckt werden will. First Mover werden hier ihre Nase ganz klar vorne haben.

Also: Starten Sie durch!

Über die Autoren

© werdewelt GmbH

Benjamin Schulz – Sparringspartner und Troubleshooter für Personal Branding – ist Marketingexperte und Geschäftsführer der Agentur werdewelt und berät seit vielen Jahren Firmen, Institute und einflussreiche Persönlichkeiten im gesamten deutschsprachigen Raum zu den Themen Strategie, Positionierung, Identität und Marketing. Außerdem arbeitet er als Begleiter und Sparringspartner für Redner und Speaker, Trainer, Coaches sowie Berater und Einzelpersonen, die sich bezüglich ihrer Identität und Positionierung einen zuverlässigen Gefährten an ihrer Seite wünschen. Bei kabel eins stand er 2014 und 2015 für die Sendung *Abenteuer Leben* vor der Kamera. Schulz ist Autor zahlreicher Bücher.

Kunden bezeichnen Benjamin Schulz als kritischen und hartnäckigen Hinterfrager und Querdenker, der ihnen als Sparringspartner und Troubleshooter den Rücken stärkt und ihnen die nötige Sicherheit beim Personal Branding gibt. Er kombiniert sein Insiderwissen mit der Stärke seiner Marketingagentur werdewelt®.

www.werdewelt.info

© werdewelt GmbH

Edgar K. Geffroy ist Unternehmer, Wirtschaftsredner und Bestsellerautor. Mit 30 Jahren Erfahrung als Unternehmensberater zählt er heute zu den erfolgreichsten Referenten und Vordenkern in Deutschland. Der Erfinder des Clienting® setzt immer wieder neue Maßstäbe in den Bereichen Kundenorientierung und Veränderung durch den digitalen Wandel.

Geffroy ist heute ein gefragter Strategiecoach. Seine Expertise auf Basis der Clienting-Strategie hat Unternehmen geholfen Marktführer zu werden und neue Märkte zu erobern.

Gemeinsam mit seinem Team unterstützt Edgar K. Geffroy Unternehmen und Personen bei der Entwicklung ihrer Zukunftsstrategie und kreiert individuelle Erfolgsgeschichten für Unternehmen, Persönlichkeiten, Produkte oder Dienstleistungen. Neben der strategischen Beratung liegt seine Kompetenz in der Umsetzung von Vermarktungslösungen in der digitalen Welt, die Sie in der Kundenwahrnehmung unverwechselbar machen.

Werden Sie Erster im Kopf Ihrer Kunden.

www.dieunternehmerstrategie.com
www.clienting-consulting.com

Stichwortverzeichnis

A

Akzeptanz
- durch andere 36, 39, 58f., 174, 188, 201f., 213
- von sich selbst 34ff., 38, 69, 72f., 125, 164, 204f.

Anpassungsfähigkeit 98, 215

Antreiber 28, 31, 34, 36, 40, 42, 145, 202f.

»artgerecht« 72, 125, 134, 210

Auf-Kurs-Bleiben 178f., 191, 193, 215

B

Beckenbauer, Franz 42, 119

Bedürfnis
- eigene 34, 67f., 204f.
- der Zielgruppe 143f., 146–151, 211

Bohlen, Dieter 22, 121, 123, 209

C

Claim 133, 149f.

Clienting 92, 96, 133, 219

D

Dalai Lama 117, 208

Denken, strategisches 70, 152f.

E

Ego-googeln 165f.

Empfehlungen 162, 167, 213

Everybody's Darling 91f., 94f., 183, 185, 206

F

First Mover 102, 179, 197f., 216

Frontrunner 156f.

G

Gallionsfigur 26, 156

Gates, Bill 131, 156

Gefährtenschaft 133f., 197, 210, 215

Genscher, Hans-Dietrich 129

Glaubenssatz 34–39, 52, 54, 81, 202

Gottschalk, Thomas 127, 176, 210

I

Identität 12, 65, 68, 71f., 79, 81, 125, 203f., 209

Markenidentität 53, 81, 94, 205

Innovation 104, 142f., 147, 149f., 211

Internet 39, 47, 161–164, 167, 173, 175, 177, 201, 212

J

Jauch, Günther 92, 127, 210

Jobs, Steve 25, 28, 68, 71, 130, 132, 134, 148, 156, 177ff., 210

K

Kairos-Chance 31, 102, 120f., 207, 209

Keywords 26, 166
Kittelbrennfaktoren (KBF) 142–147, 149, 151, 211
Kommunikation, crossmediale 161f., 213
Kontakte, persönliche 162, 167, 213
Konzentration auf eine Sache 115
Kopierer 102, 179, 207

L

Legacy 74

M

Madonna 182
Marke
  bleiben 174 f., 190, 193, 213, 215
  werden 12, 25, 43, 58, 81, 83, 140f., 146, 155, 159, 175, 205, 208, 210, 213
Markentypen
  Evergreens 126f., 210
  Helden 119, 208
  Kriegsveteran 118f., 208
  Märtyrer 120, 209
  Mutter Teresa 120, 125
  Pfadfinder 114, 177, 207
  Pioniere 130, 196f., 210
  Rambo 121, 125, 209
  Visionäre 130, 210
  weiser Gandalf 117f., 208
Marketer 46
Motive
  des Kunden 145, 149, 211
  eigene 71, 122

N

Nahbarkeit 11, 188f., 215
Nähe und Distanz 186
Newsletter 161, 163
Nutzen 39, 51, 66f., 69 f., 73, 142f., 145, 147, 149, 205, 211

O

Öffentlichkeit 27ff., 33 f., 183, 202
Öffnung/sich öffnen 39, 101, 172, 179–182, 188ff., 214 f.
out-of-the-Box-Strategie/-Denken 143, 145, 150f., 153, 211 f.

P

Pains 143, 146f., 149, 211
Person als Marke 62, 203
Personal Branding 8 f., 11, 14 f., 21–29, 34, 50 f., 56 f., 80, 89, 91, 93, 96, 112f., 116, 118, 120, 124, 142, 145, 150, 163, 167, 196 ff., 201–204, 208f., 213, 215, 217
Personality 8, 11f., 122, 124
Personenmarketing 15, 51, 104, 203
Platzhirsch 14, 27, 32, 34, 36, 39, 201f.
Polarisierung 50, 91–99, 101 ff., 105, 173, 175, 183f., 187, 206 f., 209, 213, 215
Positionierung 15, 30, 97, 142 f., 148–151, 153, 160, 206, 211, 213, 215, 217
Printarbeit 161f., 167, 213
Probleme des Kunden 144 f., 149, 211

R

Responsive Design 164
Robbins, Tony 28, 59

S

sich selbst neu erfinden 105, 114, 174f., 193, 207
Sichtbarkeit 84, 89–93, 95 f., 98 f., 102 f., 112, 160, 205ff.
Social Media 161ff., 177, 188, 190, 212
Sparringspartner 14, 190 f., 193, 198, 215, 217
Standing 92 f., 95, 206 f.
Strategie 14, 25, 39, 52 f., 57, 70 f., 73, 96ff., 140 f., 144 f., 151 f., 158 ff., 162 f., 178 f., 182, 205, 210–213

T

Touchpoints 160, 162
Trends 131, 149, 177, 180, 182, 189, 214 f.
antizipieren 177
treu bleiben, sich selber 53, 119, 122, 125, 132, 174, 209, 213
Troubleshooter 14, 198, 217

U

Umsetzung, praktische 81, 101, 113, 116, 140, 151, 159, 180
Unternehmenszyklen 103
Unternehmerkompetenz 154 f., 158 f., 212
Unverwechselbarkeit 180, 182, 214

V

Veränderung 35, 83, 103, 177, 180–183, 192, 214, 219
Vermarktung 10, 15, 22 f., 25ff., 31, 36, 42, 46, 50–54, 56, 96, 104 f., 140, 142, 151, 159–163, 165, 197, 203, 212 f.
Vertrauen 8, 10, 56, 59, 201
Video 11, 59, 161–164, 212

W

Waalkes, Otto 123
Wachstum 104, 155, 159, 212
Werte 37, 52, 78–86, 117, 204 f., 208
Wettbewerb 15, 178 f., 181 f., 214
Wozniak, Steve 156

Y

YouTube 47, 162

Z

Zielgruppe 24, 31, 36, 54, 58, 128, 141, 143ff., 150, 155, 196, 210f.